入門
電源工学
しくみから理解する電源の技術

森本 雅之 著

森北出版株式会社

● 本書のサポート情報を当社 Web サイトに掲載する場合があります．下記の URL にアクセスし，サポートの案内をご覧ください．

http://www.morikita.co.jp/support/

● 本書の内容に関するご質問は，森北出版 出版部「(書名を明記)」係宛に書面にて，もしくは下記の e-mail アドレスまでお願いします．なお，電話でのご質問には応じかねますので，あらかじめご了承ください．

editor@morikita.co.jp

● 本書により得られた情報の使用から生じるいかなる損害についても，当社および本書の著者は責任を負わないものとします．

■ 本書に記載している製品名，商標および登録商標は，各権利者に帰属します．

■ 本書を無断で複写複製（電子化を含む）することは，著作権法上での例外を除き，禁じられています．複写される場合は，そのつど事前に(社)出版者著作権管理機構（電話 03-3513-6969，FAX 03-3513-6979，e-mail：info@jcopy.or.jp）の許諾を得てください．また本書を代行業者等の第三者に依頼してスキャンやデジタル化することは，たとえ個人や家庭内での利用であっても一切認められておりません．

はじめに

　本書は電源技術について工学的に述べた本である．電源という言葉は次のような意味をもつ．

発電所	水力，火力などを利用した原動機を用いて電気エネルギーを作り出すこと．
商用電源	電力会社から送電される電力．
電力供給	電気機器へ入力する電力．
家庭用電源	100 または 200 V の交流電力，電灯線ともいわれる．
電源回路	それぞれの電気製品にあわせて電力の形態を変換する回路．
電池	化学反応を利用して直流電力を作り出す機器．

このほか，「電源を入れる」という言葉はスイッチを入れる動作を指し，「電源プラン」とはパソコンなどの電力使用管理方法を指している．「電源」といってもいろいろな意味がある．

　本書ではこのうち，電源回路について述べる．電源回路とは電子機器や制御盤に組み込まれている比較的小型の装置である．電源回路はわれわれが日常的に，しかも無意識に使っている回路である．パソコンの AC アダプターや充電器は電源回路そのものである．テレビ，エアコンなど家電製品やエレベータなどの電気製品には必ず電源回路が組み込まれている．かつて白熱電灯は商用電源を直接利用していた．つまり，電源回路が不要な照明装置であった．しかし，蛍光灯，LED と照明技術の発展にともない電源回路なしには点灯しない照明器具を使うようになってきた．モーターも，かつては電源を直接オンオフさせて使われることが多かった．しかし現在ではインバータなどの電源回路を使ってモーターを制御している．電源回路なしには現在のエレクトロニクスは動作しないといってよい．電源回路の技術は，現在の社会およびわれわれの生活になくてはならないものなのである．

　本書では電源回路をとりまくさまざまな技術について工学的に解説する．しかし本書は電源回路についての実務書ではない．実務雑誌では定期的に電源に

はじめに

ついての特集号が発刊されていると思う．それだけ電源の実務に対しての関心が高いということである．逆に言えば，定期的に特集を組んで解説しないと電源はよくわからない人が多いということである．電源回路は機器が安定して動作するように電力の形態を制御する回路である．そのため，単なる回路技術だけでなく，制御技術，部品の知識，信頼性，さらには負荷となる機器とのマッチングも要求される．電源技術は奥が深いのである．

電源回路は電子機器にとっては，電力線と接続する回路である．つまり電力線を通して他の機器と接続されることになる．電源回路は電気的にはまるでインターネットに接続して世界とつながったような状態になっているといえる．電源回路は機器の電気的な出入口にあたるためインターネットのウイルスではないが，他の機器からの影響を受けたり，他の機器に影響を及ぼしたりする．

なお，本書では主に直流電源を例にして技術の解説を行っている．交流電源の技術については拙著『入門 インバータ工学』に多くを記載しているのでそちらを参照していただきたい．

2015 年 2 月 著　者

目　次

はじめに i

第1章　電源とは　　1
1.1　電源の役割 2
1.2　電力の変換 4
1.3　パワーエレクトロニクスの基本 5
1.4　インダクタンスの重要性 7
1.5　電圧源と電流源 9
　■コラム：可変速風車 13

第2章　電源回路のいろいろ　　14
2.1　チョッパ 14
　■コラム：昇降圧チョッパ 19
2.2　絶縁型電源 19
　■コラム：トースターにも電源回路 24
2.3　インバータを利用した電源回路 24
2.4　リニア電源 30
　■コラム：低電圧，高電圧とは 34
2.5　高圧電源 35

第3章　主回路素子　　38
3.1　ダイオード 39
3.2　バイポーラトランジスタ 40
3.3　パワー MOSFET 43
3.4　IGBT 44
3.5　コンデンサ 46
3.6　抵　抗 52

目 次

第4章 リアクトルとトランス　58

- 4.1 リアクトル 58
- 4.2 変圧器の理論 65
- 4.3 スイッチングトランス 73
- 4.4 鉄心材料 77
- 4.5 巻　線 82

第5章 整流回路　86

- 5.1 交流から直流への変換 86
- 5.2 コンデンサ入力型整流回路 89
- 5.3 チョーク入力型整流回路 90
- 5.4 各種の整流回路 93
- ■コラム：交流の周波数 94

第6章 電源のアナログ電子回路技術　96

- 6.1 駆動回路 96
- 6.2 回路のインダクタンスとスナバ 100
- 6.3 磁束のリセット回路 103

第7章 電源の保護とEMC　107

- 7.1 電圧と電流の保護 107
- 7.2 冷　却 116
- 7.3 寿命と信頼性 118
- 7.4 EMCとノイズ 120
- 7.5 力率改善 126

第8章 電源の制御技術　133

- 8.1 電源の制御とは 133
- ■コラム：電源インピーダンスの測定 136
- 8.2 制御とブロック線図 137
- 8.3 フィードバック制御と安定性 138
- 8.4 周波数応答とボード線図 144
- ■コラム：直流電源の周波数特性 156

| 8.5 | 制御系の安定性 . . . . | 156 |

第9章　PID制御　162

9.1	微分と積分	162
9.2	PID 制御	165
9.3	PID 制御の動作	168
9.4	周波数応答による PID 制御	172

第10章　各種の制御法　176

10.1	現代制御理論の概要	176
10.2	オブザーバ	178
10.3	そのほかの現代制御	180
	■コラム：フィードバック制御とフィードフォワード制御 . . .	181
10.4	交流電源の制御	181

第11章　電源の解析法　189

11.1	理想スイッチと理想インダクタンス	189
11.2	回路モデル	194
11.3	状態平均法	196
11.4	シミュレーション	199

おわりに	202
さらに勉強する人のために	203
索　引	204

1 電源とは

電源とは電気の源である．電力を利用するための電気の供給源である．一般に電源という言葉には，電気エネルギーを生み出す発電，電池などの電気の供給，さらには電源回路など，多くの意味が含まれている．

図 1.1 に示すのは電源系統の図である．ここに示されているのはいずれも電源とよばれているものである．電力を作り出す，火力，水力などの大規模発電所も電源である．風力発電，ソーラー発電などは分散型電源とよばれる．また，バッテリなどの電池や自家用発電機も電源とよばれる．また，壁のコンセントも電源とよぶことがある．また，機械を動かすためのモーターなどを駆動する機器も電源装置とよばれる．しかし，本書で取り上げる電源は図では電源装置および電源回路として示しているものに限定する．とくに電源回路を中心に述べる．電源回路は電子機器には必ず含まれており，もっとも広く使われている

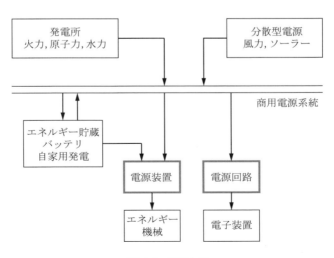

図 1.1　電源とは

第 1 章　電源とは

電子回路である．

　本書で取り上げる電源とは，別の言い方をすると外部から供給された電力を利用するために，負荷の状態に合わせて電力の形態を変更して出力する装置，機器を指している．

1.1　電源の役割

　電源は負荷に電力を安定に供給するための装置である．では電力とは何であろうか．表 1.1 に各種の電力の形態を示す．直流電力では電力の構成要素は電圧と電流である．直流回路では，電力 P [W] は電圧 E [V] と電流 I [A] の積で表される．

$$P = E \cdot I \quad （直流電力）$$

しかし交流電力の場合，電力は電圧，電流のほかに電圧と電流の位相差 ϕ や相数 m を使って電力が表される．電圧と電流の位相角 ϕ は電力には力率 $\cos\phi$ として関係する．

$$P = mEI\cos\phi \quad （交流電力）$$

ここで，E は交流の相電圧[*1]である．

表 1.1　電力の形態

電力の種類	電力の形態
直流電力	電圧，電流
交流電力	電圧，電流，相数，位相，周波数
パルス	パルス幅，振幅，繰り返し

　交流電力では電力値 [W] が同一でもそれぞれの周波数 f が異なれば電力の形が異なる．パルス電力の場合，パルスの継続する時間（パルス幅）とパルスの繰り返し周期により電力が決まる．

　これらのすべてを制御により安定化することはできない．これらのいくつか

[*1] われわれが外部から測定できるのは線間電圧 V_{line} である．三相の場合，相電圧 E とは Y 形の一相に換算した，$V_{\text{line}} = \sqrt{3}E$ の関係である．

1.1 電源の役割

を制御し，ほかはそれに応じて受動的に決まるようにするのが電源の役割である．いくつかという意味は，たとえば周波数と電圧を制御し，電流は制御しないというようなことである．この場合，電流は負荷の状態に応じて成り行きにするということである．なぜなら，電源の役割は電源そのものの運転を目的とするのではなく，負荷を駆動するために負荷に対応しているからである．いま，図 1.2 に示すように電源が直流の一定電圧 E を安定に供給していると考えた場合，負荷を抵抗 R と考えると，電流 I はオームの法則で決まる．

$$E = I \cdot R$$

このとき，電圧，電流，負荷抵抗により電力 P が決定する．

$$P = R \cdot I^2 = \frac{E^2}{R}$$

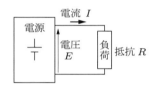

図 1.2 電圧，電流，電力

この式からもわかるように，負荷抵抗値が変化すると電流および電力が変化する．電圧を安定して供給しても負荷に応じて電流が変化するので電力は変化する．電源は電力を供給しているはずであるが，電力は負荷の変化に応じて変化してしまうのである．電力が一定になるように制御しようとする場合，電圧，電流をともに制御対象として変化させなくてはならない．このとき，電圧と電流の組み合わせは無限にある．電圧と電流を同時に変化させてしまうのでは電流，電圧が定まらない．電圧，電流にはある目安が必要である．そこで電力制御とはいえ，電圧または電流を制御の対象として制御するのである．

電圧などの制御対象を一定に保つ制御によく使われているのはフィードバック制御である．もっとも単純なフィードバック制御を図 1.3 に示す．指令値を制御系に入力する．制御系は何らかの制御をして制御量が決まる．たとえば 5 V という指令に対して制御量が 4.8 V だと考えよう．このとき，指令値とフィー

第 1 章 電源とは

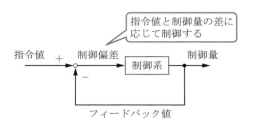

図 1.3 フィードバック制御

ドバックされた値との差の $-0.2\,\mathrm{V}$ という量（制御偏差）が制御系に入力され制御動作を行う．つまり，フィードバック制御には本質的に誤差があり，それを絶えず修正する制御である．つまり誤差を許容する制御なのである．もちろん，フィードバック制御の精度を上げてゆけば指令値に対する偏差をごく小さくすることはできる．さらに，フィードバック制御は指令値が変化してもよいという前提の制御でもある．指令値が時々刻々と変化する制御をサーボ制御という．これに対してある量を一定に制御するのはレギュレータ制御とよばれる．

ではレギュレータ制御にはフィードバックは不要かというと，やはり必要である．レギュレータは制御量を一定に保つ制御であるが負荷の変動や外乱[*1]に対しても一定の制御出力になるように制御しなくてはならない．そのためフィードバック量を数学的に操作し，将来の動きを予測して制御する方法も考えられている．

1.2　電力の変換

表 1.1 に示したように電力にはさまざまな形態がある．これらの電力の形態を変換する技術がパワーエレクトロニクスである．パワーエレクトロニクスとは電気エネルギーを利用するために電気エネルギー，すなわち電力の形態を制御する技術である．図 1.4 に電力の形態の変換の概要を示す．

交流を直流に変換することを整流という．整流は真空管の時代から広く使われており，この電力変換は古くから存在した．そのため，電力変換イコール整流という意味となってしまった．後年，エレクトロニクスの進歩により容易に

[*1] 制御を乱すすべての現象を外乱とよぶ．

1.3 パワーエレクトロニクスの基本

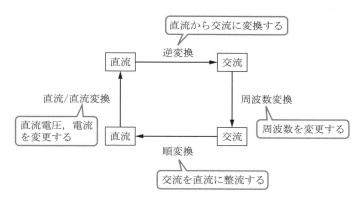

図 1.4 電力の形態の変換

なった直流から交流への変換をあえて逆変換 (invert) とよぶ必要が生じた．これがインバータという名称の由来である．現在では交流を直流に整流することをあえて順変換ともよぶ．直流電力の電圧を他の電圧に変換したり，電流を変換するのを直流/直流変換 (DC DC convert) とよぶ．本書で取り上げる電源の大半はDCDCコンバータとよばれるこの直流/直流変換に関係している．また，交流電力を直接ほかの周波数の交流電力に変換するのを周波数変換とよぶ．機器としてはサイクロコンバータやマトリクスコンバータがある．このように電力の形態を変換し，電気エネルギーを利用しやすくする技術がパワーエレクトロニクスである．電源工学のキー技術はパワーエレクトロニクスであることはいうまでもない．

1.3　パワーエレクトロニクスの基本

　パワーエレクトロニクスはスイッチングにより電力を調節する．スイッチングによる電力調節の原理を図1.5に示す．直流電源 E と負荷 R の間にスイッチSがある．このスイッチを繰り返しオンオフする．負荷抵抗 R の両端の電圧はスイッチがオンすると E となり，オフでは0となる．このとき平均電圧はオンとオフの時間に応じて決まる．スイッチング周期に対し十分長い時間を考えれば，この平均電圧が負荷抵抗に印加されることになる．

第 1 章　電源とは

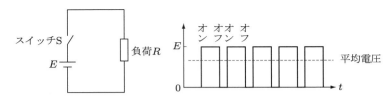

図 1.5　スイッチングによる電圧の変換

いま図 1.6 に示すような回路において，直流電源の電圧を 200 V とし，10 Ω の抵抗に 40 V の直流電力を与えることを考える．スイッチ S のオンオフの周期を T，オンする時間を T_{on} とする．負荷抵抗には T_{on} の期間だけ 200 V が印加される．このとき

$$\frac{T_{on}}{T} = 0.2 = d$$

となるようにスイッチをオンオフさせると平均電圧は 40 V となる．この時間の比率をデューティファクタ (duty factor) d とよぶ．このとき，デューティファクタを 0.2 に制御しているという．10 Ω の抵抗には 4 A の平均電流が流れていることになる．ただし，負荷は抵抗なので電流も T_{on} の期間だけ流れて，電圧と同じように断続している．このような回路や制御法は電圧を断続させるのでチョッパ[*1] とよばれる．このとき

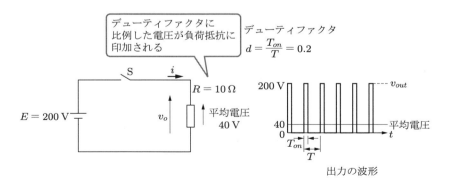

図 1.6　デューティファクタ

[*1] チョッパ：chopper．肉切り包丁のこと．電圧を切り刻むことから由来する．

$$f_s = \frac{1}{T} \quad [\text{Hz}]$$

をスイッチング周波数とよぶ．通常，スイッチング周波数 f_s は数 kHz 以上である．当然のことながら T_{on} は T より短い時間である．

図 1.6 の場合，電流も電圧と同じように断続する．電流や電圧が断続しないようにするために平滑回路を用いる．平滑回路を図 1.7 に示す．電流・電圧の変動を低減させるためにインダクタンス L，ダイオード D，およびコンデンサ C が用いられる．これらの働きについては第 2 章で細かく説明する．

このようにスイッチングによりデューティファクタを調節して電圧や電流を制御するということがパワーエレクトロニクスの基本である．

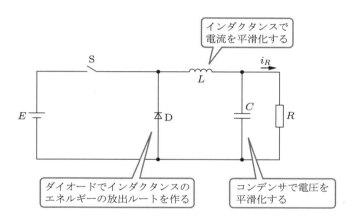

図 1.7　平滑回路

1.4　インダクタンスの重要性

パワーエレクトロニクス回路ではインダクタンスは単に電流の平滑の機能をもつだけでない．インダクタンスは電流を供給する電流源となる．インダクタンスは見かけ上，電流の変化を抑える働きをしているように見える．これは，電流が増加しようとするとインダクタンスに磁気エネルギーが蓄積され，電流が低下しようとするとインダクタンスが磁気エネルギーを放出するので，電流の変化が小さくなるのである．

第 1 章 電源とは

インダクタンスは鉄心（コア）に巻かれた単なるコイルで，リアクトル，チョークなどともよばれる．鉄心に複数のコイルを巻くと変圧器（トランス）になる．変圧器は交流電流の作る磁界の電磁誘導を利用して交流電圧・電流を変換する働きをもつ．変圧器の原理を図 1.8 に示す．

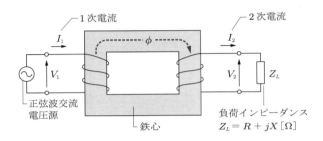

図 1.8 変圧器の原理

ここに示したものは理想変圧器とよばれる．理想変圧器とはコイルには抵抗がなく，鉄心の透磁率は無限大という仮定をしている．つまりインダクタンスは無限大である．このとき，変圧器の 1 次巻線の交流電圧 V_1，交流電流 I_1 と 2 次巻線の交流電圧 V_2，交流電流 I_2 には次のような関係がある．

$$V_1 I_1 = V_2 I_2$$

ここで

$$a = \frac{V_1}{V_2} = \frac{I_2}{I_1}$$

を巻数比という．変圧器は電磁誘導を利用しているため，基本的に交流電流でないと動作しない．さらに，変圧器の理論は正弦波交流を前提にしていることに注意が必要である．変圧器については第 4 章で詳しく説明する．

しかし，直流回路においても変圧器は使われている．パルストランスはパルス信号を絶縁して伝達するときに使われる．また，電源回路にはスイッチングトランスが使われる．スイッチングトランスとはチョッパなどの高周波のスイッチング回路で用いる変圧器である．直流でもスイッチングしているので，そのオンオフにより電磁誘導が生じる．スイッチングトランスの動作については第 2 章で詳しく説明する．

1.5 電圧源と電流源

このように電源回路ではインダクタンスをもつ部品が重要な働きをしている．しかも，インダクタンスなどの磁気部品は損失を生じる．損失により部品は発熱する．また，インダクタンスなどのコイルはスイッチングにより生じるサージ (p. 111 参照) のアンテナとなって電波を放射する．インダクタンス，変圧器などの「巻物」は電源回路にとっては単なる回路部品ではなく，電源装置の機能の一部であることを認識しなくてはならない．

1.5 電圧源と電流源

電源から電力を供給される負荷は電流型負荷か電圧型負荷のいずれかである．電流型負荷に電圧を印加するのが電圧型電源 (電圧源 voltage source) である．一方，電圧型負荷に電流を流し込むのが電流型電源 (電流源 current source) である．

電圧源とは電圧を連続的に供給できる電源である．電源と並列にコンデンサがあれば電圧源になる．電流源とは電流を連続的に供給できる電源である．電源と直列にインダクタンスがあれば電流源になる．これらを模式的に描いたのが図 1.9 である．

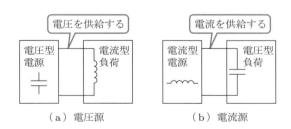

図 1.9 電圧源と電流源

■ 1.5.1 電圧型電源

ここでは，電圧型電源の例として直流入力を交流出力に変換するインバータ回路を説明する．電圧型電源となるインバータは電圧型インバータとよばれる．一般にインバータとよばれているのはこの回路である．その基本回路を図 1.10 に示す．直流入力に電圧源であるコンデンサが接続されている．コンデンサに

第 1 章　電源とは

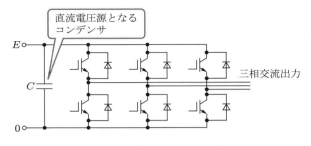

図 1.10　電圧型インバータ回路

蓄えられたエネルギーは電圧として負荷に供給される．インバータはスイッチングにより出力電圧を制御する．電圧型インバータの出力波形の例を図 1.11 に示す．電圧型電源は電圧を制御する．結果として流れる電流には電源のスイッチングによる脈動（リプル）[*1] が現れる．電流に脈動が生じるのが電圧型電源である．

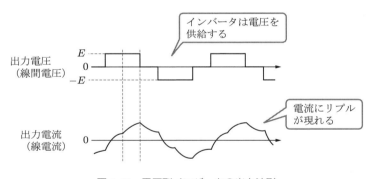

図 1.11　電圧型インバータの出力波形

電圧型電源は中小容量の電源では広く使われている．これは電圧源に用いるコンデンサが小型軽量なので，電源が小型化できることが大きな理由である．さらに一般の機器は商用電源や乾電池に接続して使用することを前提に設計されている．これらは常時一定電圧を供給する電圧源である．そのため，電圧型電源は一般的な機器へ適用する場合の問題が少ない．このことも電圧型電源が

---

*1　ripple．周期的な変動．

1.5 電圧源と電流源

多く用いられる理由の一つである.

■ 1.5.2 電流型電源

電流型電源となるインバータは電流型インバータとよばれる. その基本構成を図 1.12 に示す. 直流電源に直列にインダクタンス L が接続されている. インダクタンスに流れる電流が瞬時にゼロとなるとインダクタンスに蓄積されたエネルギーを放出するために電圧が急激に上昇する. これを防ぐためにはスイッチが切り換わってもインダクタンスを流れる電流が連続して流れるようにする必要がある. そのため 3 組のスイッチには 1 周期の 1/3 である 120 度ずつ電流が振り分けられる. つねにいずれかの電流経路が確保できるように制御する. 電流は断続するのではなく, 常時電流を流す経路を確保しながら経路を切り換える. これを転流 (commutation) とよぶ. このような電流経路の確保が電圧型インバータと大きく異なる点である.

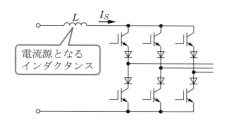

図 1.12 電流型インバータ回路

IGBT (3.4 節参照) に直列に接続されたダイオードは逆方向の電流を阻止するために挿入されている. このダイオードは原理的には不要である. しかし, スイッチがオフしている期間に IGBT には逆方向の電圧がかかってしまう. 現実のスイッチングデバイスでは, 高速でスイッチングでき, しかも逆耐圧が高い素子はほとんどない. そのためオフ期間の逆方向電流を阻止するためにダイオードを直列に接続している.

電流型インバータの出力波形の例を図 1.13 に示す. 電流型インバータは電流を制御しているので電圧波形に電源のスイッチングによる脈動が現れる. 電圧に脈動が生じるのが電流型電源であると考えてよい.

第 1 章 電源とは

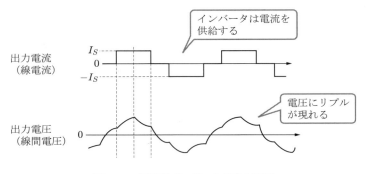

図 1.13 電流型インバータの出力波形

電流源であるインダクタンス（リアクトル）は鉄心と巻線で構成されるので蓄積エネルギーに対する重量，体積が大きくなってしまう．そのため電流型電源は大容量の電源などで限定的に使用されている．

1.5.3 電圧型電源による電流源

電流型電源を小型軽量で実現するために電圧型電源を使用し，制御により電流源として機能させる方法がある．この方法はモーター駆動や加熱電源など，多くの機器で扱われている．

電圧型電源による擬似電流源の基本回路を図 1.14 に示す．この回路では電源と負荷の間を流れている実際の電流を検出する．検出電流と電流指令値とを比較し，電流の誤差を出す．設定電流より低いときには電圧を上げ，設定電流よ

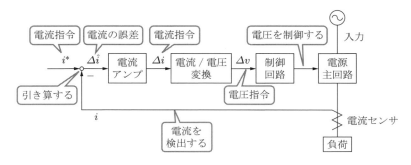

図 1.14 電圧型電源による擬似電流源

1.5 電圧源と電流源

り高いときには電圧を下げるという制御を行う．このようなフィードバック制御のループを電流ループという．電流ループの制御についての詳細は第10章で述べる．

COLUMN ▶▶ 可変速風車

遠くから見ると風力発電の風車は優雅に回っているように見えます．実際には普通の風なら毎分10回転程度で回っているようです．中型の1000 kWの風車の翼の直径は約60 mです．翼の先端は1時間に $60\,[\mathrm{m}] \times \pi \times 10\,[回] \times 60\,[分]$ だけ進むことになります．つまり翼の先端は時速100 km/h以上で動いていることになります．これを周速といいます．

その風車には大きく分けて2種類あるのをご存知でしょうか．風の変化に応じて翼の角度（ピッチ）を調節し，回転数をほぼ一定にする方式は古くから使われています．発電機の回転数が一定になるように制御しているので発電周波数も一定になります．

一方，風に応じて回転数が変化するものを可変速風車とよびます．これは最近増えてきた方式です．風車の回転が変化してもパワーエレクトロニクス装置を使うことにより発電周波数をつねに一定に制御しています．風力発電には単に発電機があるだけでなく，周波数を一定にするための電源が必要なのです．

2 電源回路のいろいろ

本章では各種の電源回路についての基本原理を述べる．電源回路というと一般には直流電源を指すことが多い．そこで，ここでは主に直流電源回路について述べる．直流電源にはスイッチング電源とリニア電源の 2 方式がある．スイッチング電源はパワーエレクトロニクスの基本であるスイッチングに基づき出力を制御する電源である．リニア電源はリニア（アナログ）回路を用いて出力を制御する電源である．

2.1 チョッパ

2.1.1 降圧チョッパ

スイッチング電源はスイッチングにより電力の調節を行う．スイッチングによる電力調節の原理は第 1 章で述べた．ここではスイッチングにより直流電圧の調節を行う降圧チョッパについて説明する．

降圧チョッパの基本回路は図 1.7 (p. 7 参照) に示したが，ここではまず，インダクタンスとダイオードのみ取り付け，コンデンサのない状態の図 2.1 を考える．このときの負荷抵抗 R の両端の電圧と負荷抵抗に流れる電流の波形を図 2.2 に示す．スイッチ S がオンしている期間はスイッチ電流 i_S はインダクタンス L から負荷抵抗 R へと流れる．このとき $i_S = i_L = i_R$ である．すると電流 i_S は抵抗とインダクタンスの直列回路の過渡現象によりゆっくり上昇する．また，スイッチがオンしている期間にインダクタンスには

$$U = \frac{1}{2} L i_L{}^2$$

の電磁エネルギーが蓄積される．

スイッチ S がオフすると電流が減少しようとする．そのためインダクタンスの性質から逆起電力が発生する．インダクタンスの性質とは電流の変化が少な

2.1 チョッパ

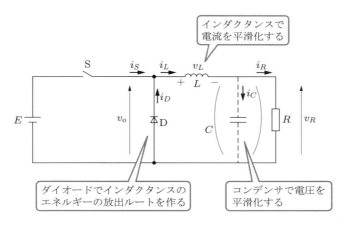

図 2.1 降圧チョッパの基本回路

くなるような動きをするということである．そのためインダクタンスはそれまでに蓄えられたエネルギーを放出し，同一方向に電流を流し続けるような方向に起電力を生じる．この電流 i は負荷抵抗 R に流れ，ダイオード D を導通させて一周する．これを還流という．これによりスイッチのオフ期間にも電流 i_D が流れる．このとき $i_D = i_L = i_R$ である．つまり負荷 R に流れる電流 i_R は i_S と i_D が交互に供給することになる．これにより電流は断続しなくなる．しかし，負荷の電圧 v_R，電流 i_R は一定値ではなく，図 2.2 に示すように脈動し

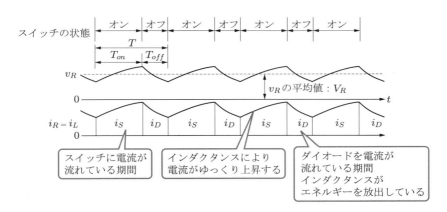

図 2.2 インダクタンスとダイオードをつけた場合の波形

第 2 章 電源回路のいろいろ

ている.

この脈動を低下させるには図 2.1 で点線で示したコンデンサを追加する. コンデンサにより電圧が平滑化されるので図 2.3 に示すような電圧電流波形になる. コンデンサ C の容量が十分大きいとすれば,負荷の両端に現れる電圧はほぼ一定の平均電圧 V_R となる. コンデンサで平滑化していても負荷の平均電圧 V_R は

$$V_R = \frac{T_{on}}{T} E$$

である. すなわち負荷抵抗に印加される電圧は前述のようにデューティファクタ d により決定される. しかも出力電圧,電流は平滑化されている. これが降圧チョッパの動作原理である. 降圧チョッパは入力した直流電圧を低い直流電圧に変換する回路である.

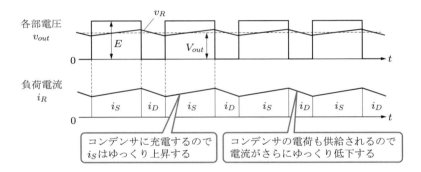

図 2.3　コンデンサを追加した場合の波形

■ 2.1.2　昇圧チョッパ

スイッチングにより入力の直流電圧よりも高い出力電圧を得るためには昇圧チョッパが用いられる. 昇圧チョッパの回路を図 2.4 に示す.

回路の動作を説明する. 図のように S をオンさせると,電流 i_S が流れる. 電流の経路は次のようになる.

電源のプラス → L → S → 電源のマイナス

このときインダクタンス L に電流が流れるので,この間にインダクタンスに

2.1 チョッパ

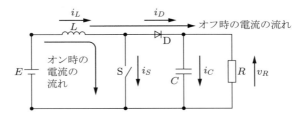

図 2.4 昇圧チョッパ

は次のような磁気エネルギーが蓄積される．

$$U = \frac{1}{2}LI^2$$

次に S をオフする．このときインダクタンスに蓄えられたエネルギーは

$$L \to D \to C$$

と移動し，コンデンサ C を充電すると同時に出力に接続された負荷にも電流を供給する．このときの各部の電圧電流波形を図 2.5 に示す．オンすると I_S は時

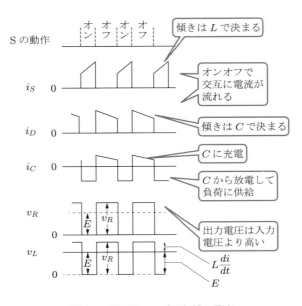

図 2.5 昇圧チョッパの各部の電流

間とともに電流が増加する．i_S がオフし，i_D が流れるとき，インダクタンス L の出力側の端子電圧 v_L は入力電圧 E よりも $L(di/dt)$ だけ高くなっている．つまりインダクタンスで昇圧して負荷に電流 i_D を供給している．さらに，この $E + L(di/dt)$ の電圧はコンデンサ C を充電する電圧でもある．i_S が流れている期間はコンデンサ C に蓄積された電荷により C から負荷に電流を供給している．

昇圧チョッパの出力電圧の平均値 V_R は

$$V_R = \frac{E}{1-d}$$

となる．デューティファクタ d が小さいほど出力電圧は高くなる．

2.1.3 昇降圧チョッパ

降圧チョッパ，昇圧チョッパのほかに，一つの回路で昇圧も降圧も出力できる回路がある．これは昇降圧チョッパとよばれる．図 2.6 に昇降圧チョッパの回路を示す．昇降圧チョッパの出力電圧の平均値 V_R は次のように表される．昇圧も降圧もデューティファクタの制御で出力可能である．

$$V_R = \frac{dE}{1-d}$$

この式からわかるように，$d < 0.5$ で降圧動作，$0.5 < d < 1$ で昇圧動作を行う．

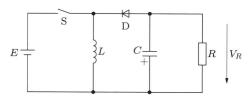

図 2.6 昇降圧チョッパ

20 世紀は昇圧チョッパと降圧チョッパを並列接続し，必要時にいずれかを運転させることが多かった．ところが，それではいずれか一方の回路しか使用しないので電源回路の大きさが大きくなってしまう．そこで小型化のために昇降圧チョッパが見直されている．なお，昇降圧チョッパにはここで示した回路以外にいろいろな回路が考えられている．

2.2 絶縁型電源

―― COLUMN ▶▶ 昇降圧チョッパ ――――――――――――――

　パワーエレクトロニクスの教科書を見ると，降圧チョッパ，昇圧チョッパの動作が説明してあります．その次に必ず，図 2.6 に示したような昇降圧チョッパの説明が出てきます．この本でもそうなっています．筆者は長年パワーエレクトロニクスに携わってきましたが，実は，実際に昇降圧チョッパを使っているものは見たことがありませんでした．ところが最近発見しました．

　自動車の 12 V 系電源とは実際には $13.2\,\mathrm{V} \pm 20\%$（$10.56 \sim 15.84\,\mathrm{V}$）の幅があり，14 V のオルタネータで充電することもあり，電圧は高めになります．バッテリ電圧を降圧し，安定化して使っていました．しかし，アイドリングストップの車ではアイドリングしないので停車中はエンジンで回しているオルタネータも停止してしまいます．停車中も車内の電気電子機器は稼動しています．そこでエンジン動作中は降圧，アイドリングストップ中は昇圧というニーズが出てきました．長いこと表に出なかった昇降圧チョッパの本格的な出番がやってきたのです．

2.2 絶縁型電源

　前節で述べたチョッパは直流を直接変換するため入力と出力のマイナス側は共通の回路である．このような電源回路を非絶縁型電源という．一方，直流/直流変換する回路で，変圧器を利用したものを絶縁型電源回路とよぶ．

　絶縁型電源とは，スイッチングトランスとよばれる高周波変圧器を用いて出力制御する電源である．スイッチングレギュレータともよばれる．回路に変圧器を含むため，入出力が絶縁されている．このような変圧器を使った絶縁型の変換回路は変圧器の極性によりフォワードコンバータとフライバックコンバータに大別される．

■ 2.2.1　フォワードコンバータ

　フォワードコンバータは同じ側が同一極性になるような減極性の変圧器を用いる．フォワードコンバータの回路を図 2.7 に示す．ここで変圧器の巻線に●印があることに注意してもらいたい．●は巻線の巻き始めを示している．これにより変圧器の極性を表示する（極性については第 4 章で述べる）．

　スイッチがオンすると図 2.8 に示すように 1 次巻線のインダクタンスにより電流 I_1 がゆっくり立ち上がる．電流が変化しているので電磁誘導が生じる．そ

第2章　電源回路のいろいろ

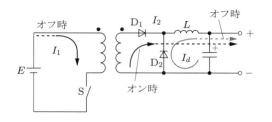

図 2.7　フォワードコンバータ

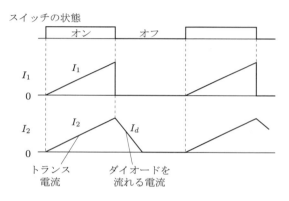

図 2.8　フォワードコンバータの電圧電流波形

のため変圧器の2次側端子には同極性の電圧が生じる．この電圧でダイオードD_1がオンし，2次巻線にも同一の波形の電流I_2が流れる．つまり，オンの期間に1次，2次巻線同時に電流I_1，I_2が流れる．この間はインダクタンスLにも電流が流れている．オフの期間にはD_1はオフするのでインダクタンスLに蓄積されたエネルギーがダイオードD_2を経由して流れる．図2.7ではI_dとして示している．この回路ではオン時には1次巻線と2次巻線に同時に電流が流れ，オフ時にはいずれも流れない．なお，I_1，I_2とも，電流は一方向に流れる直流電流の断続である．

　この回路の場合，変圧器の巻数比によって出力電圧を設定できるので，スイッチングのデューティファクタを制御することによってさらに精密に電圧調整することが可能である．

2.2.2 フライバックコンバータ

フライバックコンバータは逆極性の変圧器を用いたスイッチング電源回路である．回路を図 2.9 に示す．図に示すように変圧器の 1 次，2 次巻線の巻き始めが逆になるように巻いてある．変圧器が逆極性になっているため，スイッチがオンすると 1 次巻線に電流 I_1 が流れるが，接続されたダイオードにより電流が阻止されて，2 次巻線には電流は流れない．スイッチがオンの間は 1 次巻線のインダクタンスにエネルギーを蓄積している．スイッチがオフして 1 次巻線の電流が流れなくなると，エネルギーの放出が始まる．それまでインダクタンスに蓄積された磁気エネルギーが逆起電力となってダイオードを導通させ 2 次巻線に電流 I_2 が流れ，エネルギーが放出される．

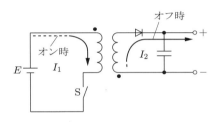

図 2.9 フライバックコンバータ

フライバックコンバータでは電流は図 2.10 のようにオンの間に 1 次巻線に電流 I_1 が流れ，オフの間に 2 次巻線に電流 I_2 が流れる．つまりフライバックコンバータはオン期間中に変圧器に出力エネルギーを蓄え，オフ期間中にそれを

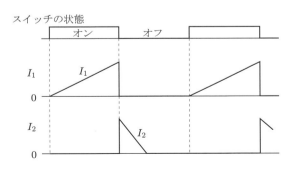

図 2.10 フライバックコンバータの電流波形

第 2 章 電源回路のいろいろ

放出する．したがって，大容量には向かない回路方式である．数 100 W 以下の電源回路でよく用いられている．

2.2.3 リンギングチョークコンバータ

小容量の電源ではリンギングチョークコンバータ (RCC : Ringing Choke Converter) とよばれる自励発振する回路が使われる．RCC 方式ではスイッチングトランスの逆起電力を利用してスイッチをオンさせる．そのため，スイッチングトランスには逆起電力を得るための制御用の巻線が設けられている．

リンギングチョークコンバータの回路を図 2.11 に示す．この回路では，電源 E を接続することにより R_S を通してトランジスタ Tr のベースに電流 I_B が流れる．これによりトランジスタがオンする．するとコレクタ電流 I_C が流れる．I_C は 1 次巻線のインダクタンスを流れる電流なので時間とともに増加する．コレクタ電流 I_C が大きくなるとベース電流 I_B が不足しトランジスタがオフしてしまう (トランジスタの電流は $I_C = h_{FE}{}^{*1} I_B$ の関係を満たさなくてはならない)．オフした瞬間の逆起電力がベース巻線に生じる．この起電力が R_B を通してトランジスタのベース電流となって流れる．すると，トランジスタが再びオンする．これが繰り返されるのでオンオフが続く．これを自励発振という．この回路は 50 W クラス以下の小型電源で多用されている．

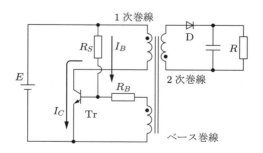

図 2.11　リンギングチョークコンバータ (RCC)

---

*1 h_{FE}：トランジスタの電流増幅率．各トランジスタに固有の値がある．

2.2.4 インターリーブ回路

最近,インターリーブという回路が使われるようになった.図 2.12 に二相のインターリーブ回路を示す.二相というのは 2 組の昇圧チョッパが並列接続されていることを示している.二つの昇圧チョッパはまったく逆の位相で動作する.

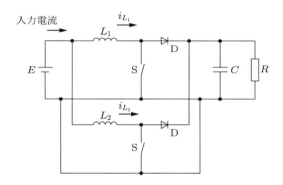

図 2.12 インターリーブ回路(二相)

インターリーブ回路は一見複雑であるが,多くの利点がある.入力電流は二つのインダクタンスを流れる電流 i_{L_1} と i_{L_2} の和である.二つのインダクタンスの電流の傾きは逆になる.そのため,リプルは互いに打ち消し合う.デューティファクタがちょうど 50% のとき,二つのインダクタンスのリプル電流がちょうど逆位相なので打ち消し合ってゼロになる.インターリーブ回路ではインダクタンスを流れる電流値が 1/2 (1/相数) になるばかりでなく,インダクタンスの値そのものも小さくできる.

出力においても,平滑用コンデンサの電流のリプル成分電流は小さくなる.コンデンサのリプル電流はコンデンサの発熱を招くのでコンデンサの寿命へもよい影響がある.さらに,入出力に含まれるリプルの周波数が実際のスイッチング周波数の 2 倍(相数倍)になる.これは入力のフィルタの小型化や,出力電流の平滑回路の小型化につながるばかりでなく,インダクタンスの損失の低減も期待できる.さらに,二つのインダクタンスを共通の鉄心に巻き,相互インダクタンスを利用して互いに磁束をキャンセルするようにコイルを巻けば,イ

第 2 章　電源回路のいろいろ

ンダクタンスの鉄心の小型化も可能である．

インターリーブ回路を使った電源は小型化できることのみならず，EMC (7.4 節参照)，効率等々の観点からも採用が広がっている．

── COLUMN ▶▶ トースターにも電源回路 ──

先日オーブントースターを買いました．どのトースターにもタイマーのダイヤルがついています．まず，安価な製品から見てゆくとタイマーダイヤルのほかにヒーターの強弱の切り替えスイッチがついています．ワット数を設定してタイマーダイヤルをひねればオンで，設定時間がきたら自動的にスイッチがオフというわけですね．
次に少し値段が高いものを見てみました．こちらには温度の設定ダイヤルがついています．温度が 100 °C から 260 °C まで任意に設定できるようになっています．実はこの機種には電源回路が入っているのです．電源回路はサーモスタットの信号に応じてヒーターをオンオフしているのです．単純な機能ですが，検出した信号に応じて電力を制御しているのでこれは電源回路の基本機能です．これを買おう，と決めました．なので，それより値段の高い機種はよく見ませんでした．もっといろいろな機能がついているようなのですが．メーカーさん，すみません．

2.3　インバータを利用した電源回路

インバータとは直流電力を交流電力に変換する回路の名称である．しかし，インバータ回路を用いて交流電力を出力する機器のこともインバータとよんでいる．直流電源のプラスとマイナスを交互に出力すればそれに応じて負荷に流れる電流の向きが逆転する．電流の向きが交互に逆転するので出力は交流である．これがインバータの原理である．ただし，単に交流を出力するといっても交流電力の形態はさまざまである．出力線が 2 本の単相交流もあれば出力線が 3 本または 4 本の三相交流もある．インバータ回路では出力する交流電力の周波数，電圧および電流が制御できる．

■ 2.3.1　インバータの原理

直流電力を単相の交流電力に変換する原理を図 2.13 に示す．四つのスイッチで構成されるブリッジ回路を直流電源に接続する．このような回路をその形から H ブリッジとよぶ．図のように H ブリッジに抵抗 R を接続する．このとき

2.3 インバータを利用した電源回路

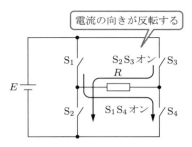

図 2.13 単相インバータの原理

S_1 と S_4 がオンしているときにはそれぞれ S_2 と S_3 をオフさせる．逆に S_1 と S_4 がオフのときには S_2 と S_3 はオンさせる．このオンオフを交互に行うと，負荷として接続された抵抗 R の両端には図 2.14 に示すような電圧が現れる．抵抗には，スイッチを切り換えるごとにプラスとマイナスの電圧が印加されている．すなわち，矩形波の交流が印加されることになる．

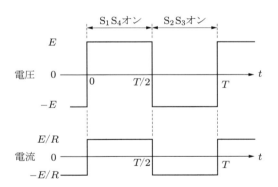

図 2.14 抵抗 R の両端に現れる電圧

抵抗の両端の交流電圧は周期 T で振幅が $\pm E$ の矩形波である．このとき抵抗に流れる電流は同様に周期 T で振幅が $\pm E/R$ の矩形波の交流電流になる．抵抗が消費する電力 P はつねに一定で

$$P = E \cdot I = \frac{E^2}{R}$$

となる．このように H ブリッジを用いれば矩形波の単相交流電力を得ることが

第 2 章 電源回路のいろいろ

できる.

インバータを電源回路として使う場合，インバータの交流出力を変圧器によって電圧調整することが多い．そこで負荷が抵抗だけでなく，変圧器もある場合を想定して，RL 負荷に置き換えてみる．このときの回路を図 2.15 に示す．ここでは変圧器をインダクタンスとして表している．この回路では図 2.16（a）に示す電圧波形 v は図 2.14 と同様に矩形波である．しかし，インダクタンス L による影響を受けるので電流 i の波形は図 2.16（b）に示すように電圧波形と異なる．インダクタンスはエネルギー蓄積素子であり，電圧がステップ状に印加されても電流はそのままステップ状には立ち上がらない．インダクタンスにエネルギーが蓄積される間は電流の立ち上がりがゆるやかになる．一方，インダクタンスに蓄積されたエネルギーは電圧の極性が逆になっても，同一方向に電流を流し続ける電流源となる働きをする．そのため電流波形は電圧波形よりもゆっくり変化する．そのため電圧より位相[*1] が遅れている．

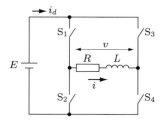

図 2.15　RL 負荷が接続された単相インバータ

このとき電源から供給される電流 i_d は直流ではなく図 2.16（c）に示すように，電源から流れる電流 i_d が負になる期間がある．つまり，この期間は負荷から電源に向けて電流が流れているのである．このとき各スイッチに流れる電流（図（d），（e））を見てみると負の電流の期間ではスイッチの下から上に向けて電流が流れている．このことは負荷のインダクタンスに蓄えられたエネルギーを電源に供給していることを示している．インバータでは負荷のインダクタン

[*1] 位相とは同一周波数の波形の時間的なずれを指す．2 台の自動車が同一速度で走っている状態を考える．自動車の速度が周波数に対応するとすれば，走っている 2 台の自動車の位置関係が位相に対応する．

2.3 インバータを利用した電源回路

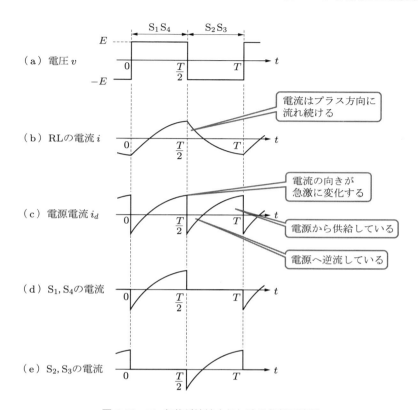

図 2.16 RL 負荷が接続された時の各部の波形

スからインバータへ向けてエネルギーが戻るのである．

インバータの場合，スイッチには正負の電流が流れることになる．しかしながら半導体デバイスをスイッチに使った場合，一般には一方向しか電流を流すことができない．すなわち順方向電流は流せるが逆方向電流を流す能力がない．そのため半導体デバイスに逆並列にダイオードを接続して逆方向電流を流すようにする．つまり，二つの素子で一つのスイッチ機能を果たすようにする．図 2.17 では，スイッチに IGBT を用いた回路を示している．

このダイオードは，$i_d < 0$ のときに電流が流れるような極性で接続されている．負荷のインダクタンスに蓄積されたエネルギーを電源に帰還させるので帰還ダイオード（フィードバックダイオード）とよばれる．図 2.16（c）で示すよ

第 2 章　電源回路のいろいろ

うに，スイッチの切り換わりの瞬間に i_d の流れる方向が逆転する．電流を急激に変化させて電源に流し込むためには電源の高周波インピーダンスを十分に低くする必要がある．コンデンサのインピーダンスは $Z = 1/j\omega C$ なので周波数が高いほどインピーダンスが低い．したがって，電源にコンデンサ C_d を並列に接続することにより，電源の高周波インピーダンスを低くするのである．

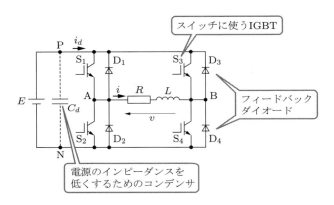

図 2.17　実際の単相インバータ回路

■ 2.3.2　インバータを使った直流電源

インバータは出力波形を PWM 制御[*1] することにより出力電圧を制御できる．PWM 制御とは一種のデューティ制御と考えることができる．降圧チョッパと同様にデューティに従って電圧を低下させる制御が可能である．単相交流が必要な場合，インバータの出力をそのまま PWM 制御してもよいが，得られた交流電力を変圧器により電圧変換すれば望みの電圧を得ることができる．

単相インバータの出力は図 2.16 に示したように電圧電流とも正弦波ではない．このような出力波形は歪みがある波形という．歪みがあるというのは正弦波がゆがんでいることを示している．歪みは必要とする正弦波にその整数倍の周波数をもつ正弦波が重畳していることである[*2]．この高調波を除去すれば正弦波

[*1] pulse width modulation；パルス幅変調．複数のパルスで交流の半周期を構成し，パルス幅を調節することにより出力を制御する方法．
[*2] 出力波形をフーリエ解析するとこのような結果が得られる．必要とする正弦波以外を高調波とよぶ．

2.3 インバータを利用した電源回路

だけを取り出すことができる．

正弦波を取り出す場合，フィルタを用いる．フィルタにより不要な周波数成分が除去される．図 2.18 にローパスフィルタの原理を示す．コンデンサのインピーダンスは $Z = 1/j\omega C$ なので周波数が高くなるほどインピーダンスが低く，高周波ではインピーダンスが高い．コンデンサは直流を含む低い周波数はカットし，高周波成分を通過させる効果がある．一方，インダクタンスは $Z = j\omega L$ なので低周波ではインピーダンスが低く，高周波ではインピーダンスが高い．したがって，高周波成分をカットし，低周波成分のみ通過させる．このような高周波をカットするフィルタをローパスフィルタという．ローパスフィルタによって適切に高調波成分を除去できれば出力波形を正弦波に整形できる．

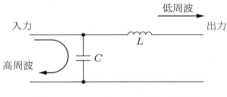

図 2.18 ローパスフィルタの原理

インバータを使った直流電源の例を図 2.19 に示す．単相インバータの出力に変圧器を接続し，変圧器の出力を整流回路で整流する．このような回路では出力 V_{out} には直流が得られる．変圧器の巻数比とインバータの制御により出力電圧が調節できる．

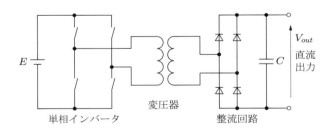

図 2.19 インバータを使った直流電源

第 2 章 電源回路のいろいろ

インバータを使った直流電源には次のような優位点がある．

- 変圧器により入出力が絶縁できる．
- インバータの出力周波数を高くすると変圧器が小型化できる．
- 変圧器の巻数比により降圧，昇圧いずれも可能であり，高電圧電源や大電流電源も実現できる．
- インバータの制御により出力を精密に制御できる．
- 大容量電源を実現しやすい．

2.4　リニア電源

リニア電源の原理を図 2.20 に示す．負荷抵抗 R に電源電圧 E よりも低い電圧 V_{out} を供給する場合，間に可変抵抗 V_R を入れることにより電圧調整が可能である．このとき，電源電圧 E や負荷抵抗 R に変動があった場合，それに応じて V_R を調節するのが電源を安定化させる制御である．

図 2.20　リニア電源の原理

このとき，負荷には電流 I が流れるが，負荷で消費する電力 P_R は

$$P_R = I^2 R$$

である．しかし，可変抵抗 V_R でも

$$P_{V_R} = I^2 V_R$$

の電力を消費する．$V_{out} = E/2$ としたとき，負荷で消費する電力と同じ電力が調節用の可変抵抗 V_R で消費されてしまう．このように電力損失が大きいことがリニア電源の欠点である．

2.4 リニア電源

リニア電源を実現するために機械式の可変抵抗をモーターで動かす方法も考えられるが，現実的ではない．しかし，バイポーラトランジスタを使えば同じような効果を得ることができる．図 2.21 に可変抵抗に代えてバイポーラトランジスタを使った回路を示す．

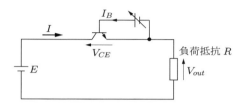

図 2.21 バイポーラトランジスタを使ったリニア電源回路

ここでバイポーラトランジスタの動作を説明する．バイポーラトランジスタはエミッタ，コレクタ，ベースの 3 端子をもつ半導体デバイスである．図 2.21 の回路においてベース電流 I_B を流すと，それに比例したコレクタ電流 I_C が流れる．このとき次の関係がある．

$$I_C = h_{FE} I_B$$

ここで，h_{FE} は直流電流増幅率である．コレクタエミッタ間電圧 V_{CE} とコレクタ電流 I_C の関係を図 2.22 に示している．図は I_B を一定に保ちながら電源電圧 E を変化させたときの関係を示している．この図において，電源電圧 E を一定にして I_B を変化させると動作点は直線 b – a 上を移動する．これはトラン

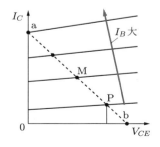

図 2.22 バイポーラトランジスタの動作

第 2 章 電源回路のいろいろ

ジスタの電流増幅作用とよばれ，トランジスタを流れる電流 I_C は I_B を調節することで望みの値に調節できるということを示している．しかしながら，電流を調節することはすなわち，負荷抵抗 R にかかる電圧を調節することになる．このとき電源電圧 E のうちの余分な電圧は

$$V = V_{CE} + RI_C$$

の関係でトランジスタのコレクタエミッタ間電圧 V_{CE} としてトランジスタの両端にかかることになる．つまりトランジスタは可変抵抗と同じ機能を果たしている．したがって，図 2.21 の回路で出力電圧の調節ができるのである．

このとき，トランジスタで発生する損失 P_{loss} は

$$P_{loss} = V_{CE} \cdot I_C$$

となる．損失がそのまま発熱になる．この式を変形すると

$$P_{loss} = -V_{CE} \cdot \frac{V_{CE} - E}{R}$$

となり，図 2.23 に示すように V_{CE} に対して電力損失が最大の点 M が存在する．オーディオなどの増幅回路ではこの点 M を中心に動作するように設計している．このような原理の電源をドロッパ電源とよぶこともある．ドロッパ電源を制御して，入力電圧や出力電流が変動しても出力電圧が一定になるように安定化することも可能である．

また，出力電圧を一定にするのは図 2.24 に示すようにツェナーダイオード[*1] D_Z

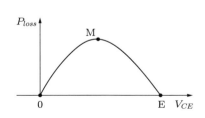

図 2.23 バイポーラトランジスタの損失

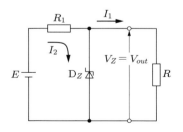

図 2.24 ツェナーダイオードによる定電圧化

---

*1 7.1.3 項で詳しく述べる．

を用いることにより外部から制御することなしに一定にできる．ツェナーダイオードとは，逆方向の電圧がツェナー電圧 V_Z を超えると導通し，それ以下の電圧だと遮断するダイオードである．負荷抵抗 R に流れる電流は

$$I_1 = \frac{V_Z}{R}$$

である．ツェナーダイオードを流れる電流は $V - V_Z$ に比例する．ツェナーダイオードを流れる電流を制限するために R_1 が入れられている．この回路ではツェナーダイオードのツェナー電圧の精度がそのまま出力電圧の安定化の精度となる．

これと同じような機能でトランジスタを使ったのが図 2.25 に示す 3 端子レギュレータである．3 端子とは入力の ＋ 端子，出力の ＋ 端子および GND 端子である．3 端子レギュレータの原理は図 2.21 と同様である．3 端子レギュレータは出力電圧ごとに IC 化されており，各種の保護回路，電圧制御のためのフィードバック回路，始動回路などさまざまな機能が含まれている．なお，3 端子レギュレータ IC を用いても，余剰電圧が損失となり，発熱することは同様である．

図 2.25　3 端子レギュレータ

これまで説明したドロッパ電源は負荷と直列になっているためシリーズレギュレータとよばれる．図 2.26（b）に示すように負荷と並列に配置した場合，シャ

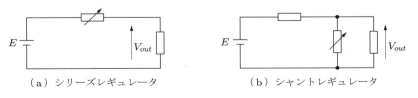

図 2.26　シリーズレギュレータとシャントレギュレータ

第 2 章 電源回路のいろいろ

ントレギュレータとよばれる．シャントレギュレータは電力を供給する電源としてより，安定した基準電圧を得るために使われることが多い．

リニア電源は発熱をともなうため大型であること，応答が遅いことなどのデメリットはあるが，スイッチングを使ってないためノイズの発生が少なく，また安価で実現できることが特徴である．高精度の制御，安定化するため各種の増幅回路などを利用したリニア電源も使われている．

COLUMN ▶ 低電圧，高電圧とは

私たちは日常的に電圧が低いだの高いだのという会話しています．これは所定の電圧より高いとか低いとかを言っている場合が多いと思います．では，客観的な低電圧，高電圧の定義はどうでしょうか．

労働安全衛生法では作業者の安全上，次のように区分しています．

- 特別高圧：交流，直流ともに 7000 V を超えるもの
- 高圧：交流では 600 V を超え 7000 V 以下，直流では 750 V を超え 7000 V 以下
- 低圧：交流では 600 V 以下，直流では 750 V 以下

ずいぶん高い電圧です．一方，JIS で定められている感電保護クラスではクラス 0 というもっとも簡単な絶縁は，150 V を超えない屋内用の機器についてだけ認められています．接地端子をもつものはその上のクラス 01 という絶縁がされています．

また，IEC 規格では電撃と人体反応について電流値と時間で示しています (表 2.1)．人体のインピーダンスは 1 kΩ といわれていますから 5 V 回路は安全かもしれませんが 100 V 程度では危険ということです．でも，人体のインピーダンスはつねに変化しています．どうか，人体のインピーダンスから割り出す体脂肪計で体脂肪率でなく，ご自分のインピーダンスも推定してみてください．

表 2.1　電撃と人体反応 (IEC 479-1)

電流	人体反応	通過電流	通電時間
感知電流	感覚によって本人が直接感知できる最小電流	0.5 mA	
離脱電流	誤って充電部をつかんでも，自分の意志で離すことができる最大電流	10 mA	
心室細動電流	心臓に電流が流れることによって，心臓がけいれんしたような微細な動きとなり，血液循環機能が失われ数分以内に死亡する限界電流	500 mA	10 ms
		400 mA	100 ms
		50 mA	1 s
		40 mA	10 s

2.5 高圧電源

高電圧を得るための電源にはさまざまな方式がある．高電圧の場合，高圧回路の絶縁を考慮する必要がある．しかし，それ以前に，その電圧で利用できる部品の有無が問題になる．したがって，すべての電源方式で高電圧電源を実現することはできない．用途，出力によって方式が使い分けられている．

■ 2.5.1 商用トランス方式

50 Hz または 60 Hz の単相交流を変圧器で直接高電圧に変換する方式である．得られる出力は入力と同一周波数の交流で，電圧は変圧器の巻数比によって定まる．出力 15 kV 以下の数 10 W の単相変圧器の代表的な例としてネオントランスがある．ネオンサインの点灯にそのまま用いられている．

また高圧ダイオードは比較的容易に入手できるので昇圧後に直流に整流する方式もとられる．この方式は安価なため，電子レンジのマグネトロン用電源に用いられている．図 2.27 には電子レンジの電源回路の原理を示す．マグネトロンとはマイクロ波を出力する電子管である．マグネトロンには高電圧を入力する必要がある．また高電圧のほかに，電子放出のためのヒーターへの電流供給も必要である．この方式は出力の制御がほとんどできず，一定出力でオンオフ制御して用いられる．

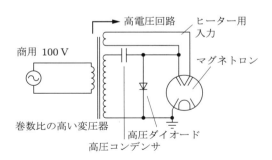

図 2.27 電子レンジの電源回路

2.5.2　高周波トランス方式

インバータにより高周波の交流を作り，変圧器により昇圧する方式である．高周波の高電圧を用いる用途はあまりないため，昇圧後は直流に整流して使われることが多い．この方式は，比較的大容量の電源が実現できる．インバータを用いるので出力制御が容易である．X線管電源などに用いられている．図 2.28 に原理図を示す．

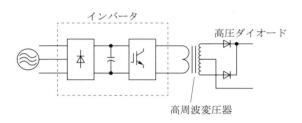

図 2.28　高周波トランス方式

2.5.3　コッククロフト–ウォルトン回路

図 2.29（a）に半波倍電圧整流回路を示す．この回路では交流入力の B 端子がプラスのときにダイオード D_1 によってコンデンサ C_1 が交流電圧の波高値まで充電される．次に入力端子 A がプラスになると入力電位と C_1 の充電値が

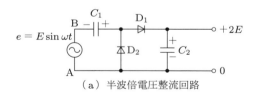

（a）半波倍電圧整流回路

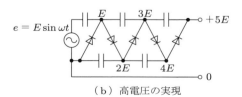

（b）高電圧の実現

図 2.29　コッククロフト–ウォルトン回路

直列になって，ダイオード D_2 によってコンデンサ C_2 が充電される．その結果 C_2 の電圧は入力した交流電圧の波高値の 2 倍の電圧に充電される．この回路ではダイオードやコンデンサの耐電圧は入力電圧の 2 倍が必要である．

　これを多数接続したのがコッククロフト–ウォルトン回路である．図 2.29（b）に示すように半波倍電圧整流回路を積み重ねることにより各素子の耐圧は 2 倍のままで高電圧を得ることができる．図（b）では入力する交流の波高値の 5 倍の直流電圧が得られる．ただし，電流を流した瞬間に電圧が低下してしまうので，パルス状の高電圧しか得られない．

　入力する交流をインバータで高周波にすれば充電も早くなり，出力のパルスの繰り返しを早くすることもできる．ストロボの電源などはこの原理を応用している．

3 主回路素子

　電源は電気エネルギーを利用するために電力を制御する機器である．電力を制御するとは制御指令に基づき，エネルギー源および負荷の状態に応じて電気エネルギーの形態を調節することである．つまり図 3.1 に示すように電源とは制御指令に基づき，エネルギー源や負荷の状態も考慮して電力の形態を変換する回路である．本章ではこの中心にある主回路について述べる．

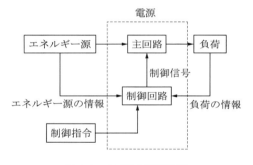

図 3.1　主回路と制御回路

　主回路はスイッチに使う半導体デバイスばかりでなく，さまざまな素子によって構成されている．半導体デバイスは制御により動作を調節できるので能動素子とよばれる．一方，コンデンサやインダクタンスなどの回路素子は電圧，電流などの外部条件により動作が決まってしまうのでこれらは受動素子とよばれる．

　電源回路の性能や機能の多くはスイッチである半導体デバイスにより決まるように思われる．しかし，主回路を構成するためには受動素子が不可欠である．受動素子の動作によって電源回路の性能や機能が左右されてしまう．また電源装置の大きさにも受動素子の大きさが影響する．そこで本章では，主回路素子として半導体デバイスだけでなく受動素子のコンデンサおよび抵抗も含めて述べる．なお，インダクタンスについては第 4 章で詳しく述べる．

3.1　ダイオード

　ダイオードはp型半導体とn型半導体を接合したデバイスである．主電極間に加わる電圧の極性によりオンオフが決まる．ダイオードの基本構造と図記号を図3.2に示す．ダイオードはアノードAにプラス，カソードKにマイナスの電圧を加えると導通する．この方向の電圧を順方向電圧という．これに対し，アノードにマイナス，カソードにプラスを加えることを逆方向電圧という．逆方向電圧ではダイオードはオフとなり，非導通状態となる．

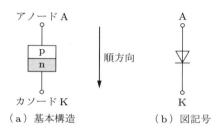

（a）基本構造　　　　　（b）図記号

図 3.2　ダイオードの基本構造と図記号

　ダイオードの電圧電流特性を図3.3に示す．順方向電圧ではわずかな電圧が残るが（順方向電圧降下）電流が流れるオン状態である．逆方向電圧ではわずかな電流しか流れない．これを漏れ電流という．逆方向電圧が高くなると急激に電流が流れる．この電圧を逆降伏電圧といい，ダイオードの定格電圧はこの逆降伏電圧より低い値である．

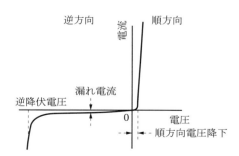

図 3.3　ダイオードの電圧電流特性

第3章 主回路素子

ダイオードは定常状態では逆方向電圧でオフ状態であるが，過渡的にはそうでないことがある．図 3.4 に示すように，ダイオードに順方向電圧がかかり，順方向電流が流れているとき，急激に逆方向電圧に切り換えたとする．このとき，逆方向電圧に切り換わった直後は，ダイオードが導通状態にあるため，逆方向に電流が流れてしまう．やがて，逆方向電流は低下し，非導通状態になる．これをダイオードの逆回復といい，その時間を逆回復時間 (t_{rr}) とよぶ．これは半導体内部の少数キャリアが消滅するまでの時間である．

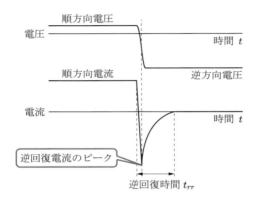

図 3.4　ダイオードの逆回復

ダイオードを商用電源の整流に使う場合にはほとんど問題にならないが，電源の高速スイッチング回路に用いるときには逆回復時間 t_{rr} はダイオードの性能を示す要因となる．逆回復時間の短いダイオードはファストリカバリーダイオード (FRD) とよばれる．

3.2　バイポーラトランジスタ

バイポーラトランジスタは本来，ベースに電流を流し，その信号を増幅するデバイスである．電源の分野では増幅だけでなく，オンオフのスイッチングデバイスとしても使用する．

バイポーラトランジスタの基本構造と図記号を図 3.5 に示す．ここでは現在のシリコントランジスタで使われることが多い npn 型を示している．バイポーラト

3.2 バイポーラトランジスタ

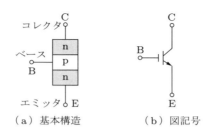

図 3.5 バイポーラトランジスタの基本構造と図記号

ランジスタはベース B, コレクタ C, エミッタ E の 3 端子をもつデバイスである.

バイポーラトランジスタの特性は図 3.6 に示されるようにコレクタ電流 I_C とコレクタエミッタ間電圧 V_{CE} で表される. バイポーラトランジスタをスイッチングデバイスとして使う場合, 図に示す遮断領域と飽和領域を切り換える. 遮断領域がオフ状態で, 飽和領域がオン状態である. 飽和領域でもコレクタエミッタ間電圧がある. これをオン電圧という. オン電圧×コレクタ電流がオン状態での損失である.

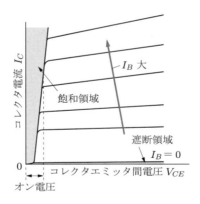

図 3.6 バイポーラトランジスタの電圧電流特性

バイポーラトランジスタのスイッチング波形を図 3.7 に示す. オン時間 t_{on} とオフ時間 t_{off} がある. バイポーラトランジスタで注意すべきはオフ時間である. バイポーラトランジスタはベース電流がゼロになっても内部の少数キャリ

第 3 章　主回路素子

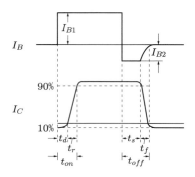

図 3.7　バイポーラトランジスタの動作波形

アが消滅するまではオン状態が継続する．これを蓄積時間 t_s という．蓄積時間は立ち下がり時間 t_f よりも長く，バイポーラトランジスタのオフ時間を決定する主要因である．蓄積時間を短くするために，オフ時にベースに逆方向の電流 I_{B2} を流すことが多い．これを逆バイアスを掛けるという．

バイポーラトランジスタで生じる損失を図 3.8 で説明する．損失は大きく分け

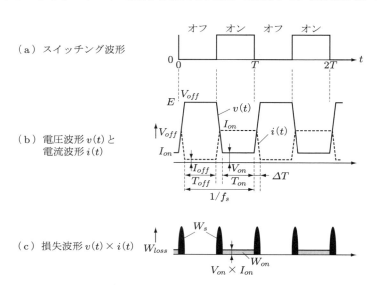

図 3.8　バイポーラトランジスタのスイッチング損失

てオン損失とスイッチング損失がある．オン損失はオン時のコレクタ電流 I_C とオン電圧 V_{on} の積である．オン損失はオン時間の間発生する．すなわちデューティファクタで決まる．なお，オフ時の漏れ電流はごくわずかなのでオフ時の損失は通常は無視する．スイッチング損失はオンまたはオフの動作時間 ΔT の間の V_{CE} と I_C の積である．ΔT は通常 μs オーダのごく短時間であり，1 回のスイッチングで発生する損失は小さい．しかし，スイッチングするたびに発生する．すなわち，スイッチング周波数が高いほどスイッチング損失が増加する．

3.3　パワー MOSFET

MOSFET は Metal Oxide Semiconductor Field Effect Transistor（金属酸化膜半導体電界効果トランジスタ）の頭文字をとったものである．このうち大電流を流すものをパワー MOSFET とよぶ．

パワー MOSFET はキャリアが電子または正孔のみのユニポーラ型である．そのため，オフ時に少数キャリアの消滅する時間が必要なバイポーラ型よりも高速動作が可能である．さらに電圧で駆動できるので駆動電力が小さいという特徴がある．しかし，耐電圧の高いものはオン抵抗が大きいという欠点もある．

MOSFET の基本構造と図記号を図 3.9 に示す．ゲート G，ドレイン D，ソース S からなる 3 端子デバイスである．図に示した n チャネル MOSFET では

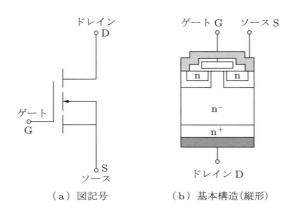

図 3.9　MOSFET の図記号と構造

第 3 章　主回路素子

ゲートにプラスの電圧を加えるとその電界によりゲートに対向した面にマイナスの電荷が現れ，それにより p 型部分の表面近くが n 型に反転する．この反転した部分が電子の通路となる．これをチャネルとよぶ．チャネルによりソースとドレインの間が導通する．

パワー MOSFET の特性を図 3.10 に示す．ゲート・ソース間電圧 V_{GS} によりオンオフ制御が可能である．オン状態ではオン電圧はドレイン電流に比例し，オン抵抗 R_{DS} は一定になる．一般にパワー MOSFET のオン電圧はバイポーラトランジスタより高い．しかし，スイッチング時間は短く，オフ時間は数十 ns のオーダーなのでスイッチング損失は小さい．

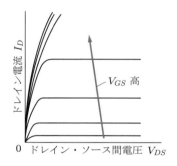

図 3.10　パワー MOSFET の電圧電流特性

3.4　IGBT

IGBT は Insulated Gate Bipolar Transistor（絶縁ゲート型バイポーラトランジスタ）の頭文字をとったものである．バイポーラトランジスタと MOSFET の良いとこどりがうまくできた複合デバイスである．

IGBT の基本構造と図記号を図 3.11 に示す．ゲート G，コレクタ C，エミッタ E の 3 端子からなるデバイスである．IGBT の内部構造は MOSFET のドレインに p 層を追加したような構造である．MOSFET の耐圧を高くするためには図で示す n 層を厚くする必要がある．耐圧を高くすると n 層の抵抗が増加するのでオン抵抗が大きくなってしまう．そのため高耐圧の MOSFET はオン損失が大きい．ところが IGBT は，n 層とドレインの間に p 層が追加されること

3.4 IGBT

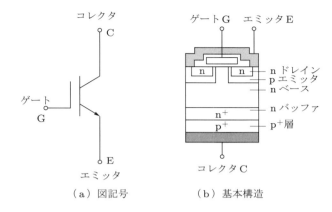

(a) 図記号　　　(b) 基本構造

図 3.11　IGBT の図記号と構造

によりここに pn 接合ができてダイオードが構成される．そのためオン時には少数キャリアである正孔が注入され，n 層の抵抗が低下する（電導度変調という）．この効果によりオン抵抗がバイポーラトランジスタ並みに小さくなる．

ゲートに電圧を印加すると MOSFET と同様にチャネルが形成され，それにより少数キャリアが蓄積され，バイポーラトランジスタのように導通する．

IGBT の動作を説明する回路を図 3.12 に示す．IGBT は原理的には pnp 型のバイポーラトランジスタに MOSFET がダーリントン接続[*1] している回路と考えられる．IGBT のゲート・エミッタ間に電圧を印加すると前段の MOSFET のゲートに電圧を印加することになり MOSFET が導通する．これにより pnp トランジスタのベース・エミッタ間の抵抗が小さくなり，ベースから MOSFET のソースへ電流が流れる．これにより pnp トランジスタが導通する．

[*1] 2 個のトランジスタのコレクタを共通に接続し，前段のトランジスタのエミッタを後段のトランジスタのベースに接続する．共通にしたコレクタと，前段のトランジスタのベース，後段のトランジスタのエミッタをそれぞれ外部の回路に対してつなぐ．したがって，回路全体が一つのトランジスタのように動作する．ダーリントン接続により，直流電流増幅率 h_{FE} を見かけ上大きくすることができる．

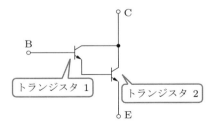

ダーリントン接続

第3章 主回路素子

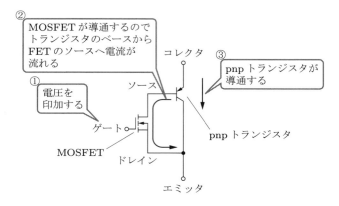

図 3.12 IGBT の等価回路

　IGBT はバイポーラトランジスタと MOSFET の中間の特性が実現できている．バイポーラのオン電圧よりやや高く，MOSFET よりややスイッチング時間が遅い．現在では中大容量の電源の多くで IGBT が使われている．

3.5　コンデンサ

　電源回路には各種のコンデンサを使用する．コンデンサは直流電圧のリプルを平滑する機能をもっている．コンデンサは直流回路に使用する部品であるが，スイッチング回路ではコンデンサを流れる電流はスイッチングと同期したパルス状の断続する電流である．そのため，市販のコンデンサを選定する場合はスイッチング周波数などを考慮する必要がある．

3.5.1　コンデンサの原理と種類

　コンデンサは電極間の誘電体に電圧を印加すると電荷が蓄積される現象を用いている．コンデンサの基本式は

$$Q = C \cdot V$$

と表される．ここで，Q は電荷 [C]，C は静電容量 [F]，V は電極間の電圧 [V] である．

　静電容量（キャパシタンス）は構造的には次の式で表される．

3.5 コンデンサ

$$C = \frac{4\pi\varepsilon S}{d}$$

ここで，S は電極の面積 [m^2]，d は電極間の距離 [m]，ε は誘電率である．

静電容量は電極の面積が大きく，電極間の距離が小さいほど大きい．しかし電極間には

$$E = \frac{V}{d} \quad [\text{V/m}]$$

の電界がかかっている．そのため電極間距離 d を小さくすることは絶縁破壊強度から限界がある．そこで，通常は電極面積 S を大きくしてコンデンサを実現する．

平滑用コンデンサとしてアルミニウム電解コンデンサがよく使われる．アルミニウム電解コンデンサは電極のアルミニウムをエッチングにより微細な穴を空けて電極面積を増加させる．増加した電極表面を酸化処理することによりアルミナ (Al$_2$O$_3$) の皮膜を形成する．アルミナがコンデンサとしての誘電体となる．この様子を図 3.13 に示す．これを陽極とする．もう一方の電極との間に導電性の液体（電解液）を充填すれば電解液が陰極となる．このようにコンデンサ素子の二つの電極の構成が異なる．そのため電解コンデンサには極性がある．なお無極性の電解コンデンサは両極とも酸化処理した電極を使用している．

コンデンサは電解型のほか，積層型，電気二重層型，フィルム型など，構造的に大きく分類される．さらに細かく，誘電体の種類でよばれる．たとえば，プラスチックフィルムを誘電体に用いたフィルムコンデンサはポリプロピレン (PP) コンデンサ，マイラ（ポリエステル）コンデンサなどのように分類されている．

表 3.1 に電源回路で用いられることの多い各種コンデンサの一覧を示す．い

 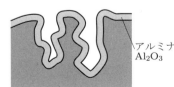

（a）エッチングにより面積を増やす　　（b）誘電体を形成してコンデンサにする

図 3.13　アルミニウム電解コンデンサ

第 3 章　主回路素子

表 3.1　各種のコンデンサ

	セラミック	アルミ電解	フィルム	タンタル	電気二重層
誘電体	チタン酸バリウムなど	アルミナ	ポリエステルポリプロピレンなど	五酸化タンタル	使用しない（有機系または水の電解液）
比誘電率 ε_r	500〜2000	7〜10	2〜3	20〜25	
静電容量 [μF]	10^{-6}〜250	0.1〜10^6	10^{-3}〜10	10^{-3}〜10^3	10^7 (100 F)
電圧 (DC) [V]	〜630	〜850	〜8000	〜100	3
極性	無	有	無	有	有
特徴	低容量低損失サージ吸収	大容量短寿命	低損失サージ吸収寸法が大きい	大容量長寿命低電圧	小容量長寿命

比誘電率 ε_r は真空の誘電率 ε_0 に対する比率，誘電率 ε は $\varepsilon = \varepsilon_r \varepsilon_0$ である．

ずれのコンデンサも構造的には数 μm 以下の厚さの誘電体を巻いたり，積層したりして電極面積を大きくしている．

3.5.2　コンデンサの基本特性

ここでは平滑コンデンサによく使われるアルミニウム電解コンデンサの特性を中心に述べる．アルミニウム電解コンデンサの等価回路を図 3.14 に示す．図において R は等価直列抵抗 (ESR：Equivalent Series Resistance) とよばれる．L はリード線などによるインダクタンス，C は理想コンデンサである．等価直列抵抗 (ESR) は電解液の抵抗分，接触抵抗などからなる．そのため，ESR は図 3.15 に示すように周波数により低下し，ある周波数以上ではほぼ一定になる．また，ESR の原因は電解液の化学反応に関係するため，温度が上がると小さくなる．

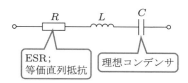

図 3.14　コンデンサの等価回路

3.5 コンデンサ

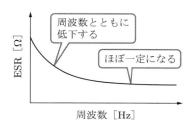

図 3.15　等価直列抵抗 (ESR) の周波数特性

コンデンサの損失は $\tan\delta$（損失角の正接）で表される．

$$\tan\delta = \frac{(ESR)}{1/(\omega C)} = \omega C (ESR)$$

つまり，ESR が大きいほど $\tan\delta$ は大きい，すなわち，損失が大きいことになる．

図 3.14 に示した等価回路ではコンデンサのインピーダンスは次のように表される．

$$Z = \sqrt{(ESR)^2 + \left(\omega L - \frac{1}{\omega C}\right)^2}$$

コンデンサの等価回路のインピーダンスは周波数により図 3.16 のように変化する．低周波では容量性で周波数に対して右下がりになり，高周波では誘導性となり周波数に対して右上がりになる．容量性と誘導性の交点が共振周波数であ

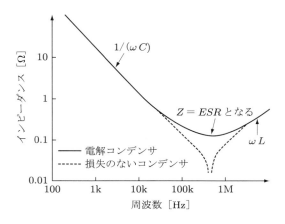

図 3.16　電解コンデンサのインピーダンス

第 3 章 主回路素子

る.このとき $Z = ESR$ となる.セラミックコンデンサやフィルムコンデンサはESRが小さいので共振周波数ではインピーダンスがほとんどゼロである.電解コンデンサはESRが大きいため共振周波数のインピーダンスはESRの大きさになる.

コンデンサは電圧がかかると内部に微小な電流が常時流れている.これを漏れ電流という.電解コンデンサの場合,漏れ電流は内部のアルミ酸化皮膜を修復する作用がある.長時間コンデンサを通電しないとコンデンサが故障することがあるが,これは電圧がかからないとこの自己修復作用が得られないからである.

■ 3.5.3 コンデンサのリプル電流と寿命

平滑コンデンサは商用周波数の交流電流の整流回路を平滑にしたり,スイッチングによるパルス電流を平滑にするのに使われる.いずれの場合もコンデンサの両端の電圧は直流電圧でも,コンデンサに入出力する電流は交流である.脈動する(リプルを含む)電流は図 3.17 に示すように直流分電流と交流分電流の合成と考えられる.つまり,コンデンサにはつねに交流電流が流れていると考えてよい.この交流電流をコンデンサのリプル電流とよぶ.リプル電流により,次のように電力を消費し,発熱する.

$$W = I_R^2 (ESR)$$

ここで,W は内部で消費される電力,I_R はリプル電流,ESR は等価直列抵抗である.

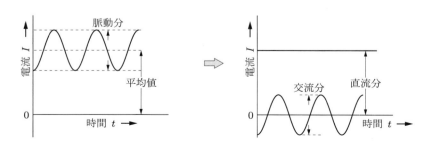

図 3.17 リプル成分の分離

3.5 コンデンサ

そのため,コンデンサには許容できるリプル電流が規定されている.アルミニウム電解コンデンサではリプル電流は上限温度[*1]における 120 Hz の電流に対して規定される.ESR は図 3.15 に示したように周波数が低いほど大きいので整流回路での商用周波数でのリプル電流が発熱への影響が大きいと考えられるからである[*2].

定格リプル電流から許容リプル電流を求めるには動作周波数への補正が必要である.それぞれのコンデンサのデータシートには ESR の周波数特性に対応した許容リプル電流の周波数補正係数が公表されている.これを用いるとリプル電流による温度上昇を次のように求めることができる.

$$\Delta T = \left(\frac{I_x}{I_0}\right)^2 \Delta T_0$$

ここで,ΔT はリプル電流による温度上昇,I_0 は周波数補正された定格リプル電流,I_x は使用時のリプル電流,ΔT_0 は定格リプル電流での温度上昇である.ΔT は素子中心部の温度を示していると考えられるので,素子は $T + \Delta T$ まで温度が上昇している.

スイッチング回路の平滑に用いるコンデンサを流れるリプル電流は正弦波ではない.このような場合,リプル電流波形をフーリエ解析する.各周波数成分のリプル電流の実効値和(RMS 和)でリプル電流を考える.定格以上のリプル電流による温度上昇はコンデンサの寿命を低下させる.

電解コンデンサは時間とともに特性が変化してゆく性質がある.静電容量,$\tan \delta$,漏れ電流はいずれも変化する.すなわち,電子部品としては珍しいが,特性が徐々に変化する磨耗故障の性質をもつ電子部品である.

電解コンデンサの特性変化は化学反応により進展する.化学反応の速度と温度の関係はアレニウスの法則に従うといわれている.アレニウスの法則を使って温度による寿命推定の式が示されている.

$$L_x = L_0 \cdot 2^{(T_0 - T_x)/10}$$

ここで,L_x は推定寿命,L_0 は上限温度 (T_0) で定格リプル電流を流したときの

[*1] コンデンサには 85℃,105℃ などの上限温度がある.
[*2] 60 Hz の単相全波整流回路を想定している.

第 3 章 主回路素子

規定寿命，T_x は使用時の温度である．

この式は 10 度半減則といわれており，温度が 10 度上昇するごとに推定寿命が半減することを示している．85℃ 定格のコンデンサの規定寿命が 2000 時間のとき，75℃ で使用すれば 4000 時間，65℃ なら 8000 時間というように寿命を推定することができる．

また，リプル電流による発熱は 5 度半減則に従うといわれている．リプル電流による自己発熱も考慮するとコンデンサの寿命の式は次のようになる．

$$L_x = L_0 \cdot 2^{\frac{T_0 - T_x}{10}} \cdot 2^{\frac{\Delta T_0 - \Delta T}{5}}$$

温度上昇はコンデンサの形状による影響もある．これまで述べてきた計算式は，ねじ端子型の大型電解コンデンサを前提として行っていることに注意を要する．なお，フィルムコンデンサも同様な寿命があるといわれている．

3.6 抵 抗

電源回路では通常の 1/4 W や 1/6 W でなく，大電力の抵抗を用いることも多い．ここでは抵抗の用途と大電力抵抗についての概要を述べる．

3.6.1 電源回路での抵抗の用途

コンデンサ入力型の整流回路では電圧を加えた瞬間に定格電流の 10〜100 倍の電流が流れる．これを突入電流という．図 3.18 に突入電流の経路を示す．コンデンサの内部に電荷が蓄積されていないとするとスイッチオンの瞬間に次のような電流が流れる．

$$I = \frac{V}{R_S} e^{-\frac{t}{CR_S}}$$

ここで，R_S は商用電源の内部インピーダンス（電源インピーダンス）である．通常，非常に小さい．ダイオードはオンした瞬間は浮遊容量で導通状態となってしまう．つまり，オンの瞬間はダイオードはほぼ短絡状態であり，いきなりコンデンサを充電する．ダイオードに電流が流れ始めればダイオードの順方向の抵抗成分が立ち上がる．充電に従い電流は急激に減少する．通常は電源周期の数サイクル以下で突入電流は流れなくなる．図 3.19 に突入電流の波形を示す．

3.6 抵 抗

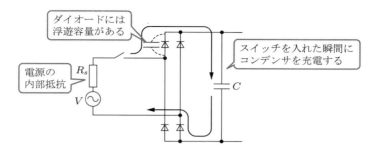

図 3.18 突入電流の流れる経路

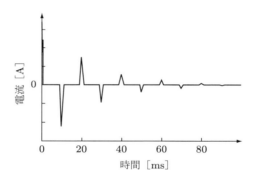

図 3.19 突入電流の波形

突入電流はブレーカの遮断動作，ヒューズの溶断，スイッチの接点溶着などの原因となり，また他の機器に対しても瞬時電圧低下やサージを発生させるなどの影響を及ぼす．

突入電流の防止のためには回路に電流を制限する抵抗を挿入すればよい．しかし，抵抗が常時挿入されていると電力損失が発生する．そこで，図 3.20 に示すような回路を用いることが多い．オンする際にはスイッチ S を開いておく．突入電流は突入防止抵抗を介してコンデンサを充電する．このときの電流経路は ① となる．突入防止抵抗により突入電流が制限される．一定時間経過後，スイッチを短絡すれば電流は ② のように流れて，突入防止抵抗により電力消費することなく運転が可能である．

突入防止抵抗は瞬時であるが大電流，高電圧がかかる．そのため突入時のピー

第 3 章 主回路素子

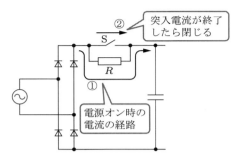

図 3.20 突入電流防止回路

ク電力に耐えるものを選定する．なお，スイッチには機械式スイッチも用いられるがサイリスタを用いてオンオフすることも可能である．突入電流は投入時の交流の電圧位相により大きさが変化する．そのため，突入防止抵抗の効果を見るには少なくとも5回程度の測定が必要である．

平滑コンデンサは電源回路の直流電圧で充電されている．電源の使用が終了するとコンデンサの端子は開放状態になる．停止中にもコンデンサに蓄積された電荷はそのまま蓄電された状態になる．安全のためにはコンデンサの電荷を放電させる必要がある．そのため図 3.21 に示すようにコンデンサと並列にブリーダ抵抗（放電抵抗）が接続される．ブリーダ抵抗には運転中も常時電流が流れ，電源遮断後も電流を流し続けてコンデンサを放電する．

ブリーダ抵抗は次に示すように消費電力が小さいので常時接続されることが多い．いま，300 V の直流回路に 1000 μF のコンデンサが接続され，100 kΩ のブリーダ抵抗が並列接続されているとする．このとき，時定数 CR で電圧は減

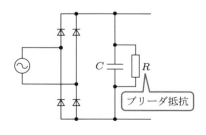

図 3.21 ブリーダ抵抗

3.6 抵抗

衰するので，放電時間は

$$CR = 1000 \times 10^{-6} \times 100 \times 10^3 = 100\,\mathrm{s}$$

となる．100 秒で 63% まで電圧が低下するので直流電圧は 111 V になる．このように経過時間と電圧から抵抗値が決定できる．

定常時の消費電力は

$$W = \frac{V^2}{R} = \frac{300^2}{10^5} \approx 1$$

となり，約 1 W 消費する．これは数 kW の電源ではほぼ問題にならない消費電力であると考えられる．したがって，用途から考えて消費電力と減衰時間から抵抗値を選定する必要がある．

電源回路にはこのほかに回生電力を吸収するための回生抵抗やスナバ抵抗が用いられる．また，ワット数は小さいが，電流検出用の抵抗も主回路に用いられる．電流検出の抵抗は回路に直列に挿入され，シャント抵抗 (7.1 節参照) とよばれる．抵抗値は通常，ミリオームである．シャント抵抗は高電圧回路に配置されることが多いため，絶縁および耐電圧性能が必要である．また主回路電圧が高い場合，抵抗により分圧され検出される．このように電源回路では，さまざまな抵抗が用途に応じて使われている．

■ 3.6.2 抵抗素子

抵抗素子は金属などの電気伝導度を調整して作られる．低周波，低電力の回路であれば単純に抵抗値をもつだけの素子として扱ってもかまわない．しかし，電源回路では定格電力と温度上昇を考える必要がある．さらに高周波用途ではリード線によるインダクタンスも考慮しなくてはならない．

抵抗の定格電力とは基本的にその抵抗が焼損しない電力である．すなわち，定格電力で動作するときの抵抗の温度はかなり高い．抵抗素子によっては定格電力では赤熱するものもある[*1]．

抵抗体は基本的に金属なので温度により抵抗値が変化する．抵抗体および周囲温度の変化に対して温度係数は ppm/K で表される[*2]．精密抵抗器では 1 ppm/K

[*1] ヒーターに使われるニクロム線も抵抗の一種である．
[*2] 1000 ppm/K とは温度が 1 度変わると抵抗値が 0.1% 変化するということである．

第 3 章　主回路素子

以下のものもあるが，カーボン抵抗は数 100 ppm/K 程度である．温度係数は使用温度の上下限で求める必要がある．抵抗素子は，もともと抵抗値の精度（許容差）が 0.02〜20% までと広く，これに温度による抵抗値の変化が上乗せされることになる．

　抵抗素子の温度上昇はジュール熱による発生熱と，抵抗素子から外部へ放熱する熱量から決まる．そのため温度上昇は抵抗器の形状によって異なる．一般に，電力定格の大きい抵抗は周囲の空気へ放熱するので指数関数状に温度上昇する．基板に固体伝熱することにより放熱するチップ抵抗などは直線状に温度が上昇する．温度上昇曲線を図 3.22 に示す．この例では定格電力での温度上昇が，固体伝熱方式では約 100 K に対して空冷方式では約 250 K になる．これは温度上昇値であるから，これに周囲温度を加えたものが実際の抵抗体の温度である．

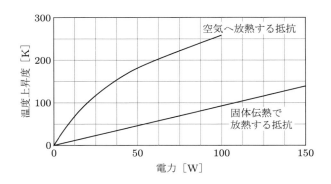

図 3.22　抵抗の温度上昇

　抵抗を使用する場合，設計段階で温度上昇を予測計算してぎりぎりで使うことはあまりない．抵抗はディレーティング（電力軽減）により電力定格より低い値で使うように選定する．一般的には定格電力の 1/2 または 1/4 以下で使うといわれている．

　電源回路では抵抗にパルス的な電流が流れることが多い．このような場合，発熱のみ考えて電流または電圧の平均値で定格電力が決まると考えてはいけない．パルス電流の場合，尖頭電力（ピーク電力）を定格電力の 5 倍以下にしな

3.6 抵　抗

くてはならない．尖頭電力で抵抗内部の微小な部分が破壊する可能性があるからである．このように単純と思われる抵抗素子でもさまざまな技術要因がある．抵抗体の材質による分類を表 3.2 に示す．用途によってこれらの抵抗を使い分ける必要がある．

表 3.2　各種の抵抗

	名　称	特　徴	備　考
弱電用	金属皮膜抵抗	比較的高精度	俗にキンピとよばれる
	炭素皮膜抵抗（カーボン抵抗）	電子回路用一般抵抗　誤差 5%	
	金属箔抵抗	金属のインゴットを圧延し造られる．きわめて高精度．温度係数も極端に低い	
電力用	巻線抵抗	抵抗体に金属線を用いて巻いたもの	
	ホーロー抵抗	巻線抵抗の保護のために周りにホーローを巻いたもの	自己発熱に対して耐熱性がある．数 W から数 100 W
	メタル・クラッド抵抗	巻線抵抗を絶縁し，金属に取り付けてある	放熱板に取り付けて大電力用に使用できる
	セメント抵抗	抵抗体をケース内におさめ，セメントにより封止したもの	
	酸化金属皮膜抵抗	セメント抵抗のうち，抵抗体に酸化金属皮膜を用いたもの．比較的大きな抵抗値	耐熱性良好．中電力 (1〜5 W 程度)　俗にサンキンとよばれる
	水抵抗	純水に不純物を添加し，望みの抵抗値にする	超大電力

4 リアクトルとトランス

　電源は電気エネルギーを磁気エネルギーに変換する磁気素子を利用して電力変換を行う．電源の性能や機能の多くはスイッチである半導体デバイスにより決まる．しかし電源の性能は，実はリアクトルやトランスなどの磁気素子にも大きく影響されるのである．また電源のでき上がりの大きさにも磁気素子の大きさが影響する．そこで本章では磁気素子であるリアクトル，トランスについて述べる．

4.1　リアクトル

　電源の主回路に用いるインダクタンス素子をリアクトル（インダクタ）とよぶ．大型の電源ではリアクトルとよぶことが多いが，小型の電源ではチョークコイルとよばれる．本章ではすべてを含めてリアクトルとよぶことにする．リアクトルを使う目的を次に示す．

(1) 電流の急激な変化の抑制：力率改善，波形改善
(2) 高周波の遮断：高周波のインピーダンスを大きくする．EMC対策
(3) 電流源：電流型インバータの電源

4.1.1　インダクタンスの働き

　ここでは，スイッチングにおけるインダクタンスの動作を説明する．図4.1（a）に示すような抵抗と電源の回路を考える．スイッチをオンすることにより図（e）に実線で示すように断続して電流が流れる．ところが，図（b）のように抵抗に直列にインダクタンスを入れると，スイッチオンするとRLの過渡現象によりゆっくり電圧が上昇する．一方，スイッチをオフした瞬間に，図（d）に示すように抵抗の両端の電圧がE以上に急激に上昇する．これは電流が流れている間にインダクタンスに蓄積された磁気エネルギー$U = 1/2 \cdot LI^2$により発生する

4.1 リアクトル

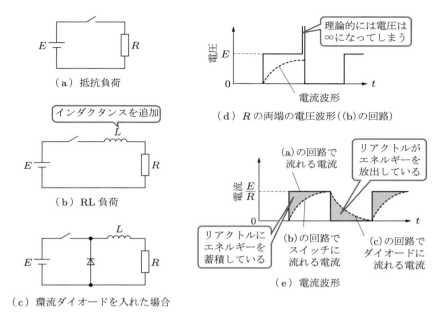

図 4.1 インダクタンスの働き

起電力である．これをインダクタンスの逆起電力とよぶ．電圧が上昇するので昇圧作用とよぶこともある．エネルギー保存の法則によりインダクタンスに流れた電流によって蓄積されたエネルギーの行き場がなくなり，電圧の形で現れるのである．このような高電圧が瞬間的に抵抗の両端にかかれば抵抗は絶縁破壊してしまうかもしれない．そこで，図(c)に示すようにダイオードを挿入する．するとスイッチオフの瞬間に発生する起電力が電源となって図(e)に示すようにオフ期間にダイオードに電流が流れる．第2章で示した降圧チョッパ回路の原理の中心には，このようなRL回路の過渡現象がある．

電流がゆっくり立ち上がるのは，その間にインダクタンスにエネルギーを蓄積しているからである．スイッチをオフしても電流が瞬時にゼロにならないのは，インダクタンスに蓄積されたエネルギーを放出するからである．これがインダクタンスの作用であり，リアクトルはこの作用を利用するための回路素子である．

第 4 章 リアクトルとトランス

■ 4.1.2 リアクトル

大電流,高電圧のインダクタンス素子をリアクトルとよぶ.これは電力用のインダクタンスをリアクトルとよんでいたことに由来する.インダクタンスのインピーダンスは $j\omega L$ と表され,周波数に比例する.しかし,電力分野では周波数は一定であり,変化しないと考えるのが一般的である.周波数が一定であればリアクタンスとして考え,単位を Ω とすれば扱いやすい.そのため,パワーエレクトロニクスの分野でも大型のインダクタンスをリアクトルとよぶのである.

リアクトルは鉄心にコイルを巻けば実現する.極端にいえば空気中でコイルを巻けば空心コイルのリアクトルになる.リアクトルは一般にはインダクタンスを得るための非常に単純な回路素子と考えられている.しかしながら,設計的には交流リアクトルと直流リアクトルに大別され,また構造的には鉄心にギャップを入れて磁気的特性を調整している.すなわち,技術的にはそれほど単純な素子ではない.

リアクトルの特性を図 4.2(a)に示す環状の鉄心と巻数 N の巻線で説明する.この鉄心にはギャップ(空隙)がない.いま,このリアクトルのインダクタンスを L [H] とする.このリアクトルが図 4.3 のような磁化曲線をもつとする.このときリアクトルに蓄えられる磁気エネルギー W_m は,磁化曲線を直線とすれば次のように表される.

$$W_m = \int_0^{N\phi} i d(N\phi) \approx \frac{1}{2} N\phi i \quad [\text{J}]$$

つまり,磁気エネルギーは図 4.3 の網かけ部分を三角形と仮定した面積である.総磁束数は $N\phi = Li$ なので,磁気エネルギーは

$$W_m = \frac{1}{2} L i^2$$

と表すことができる.リアクトルに流れる電流が交流電流で,$i = \sqrt{2} I \sin \omega t$ と表されるとする.このときリアクトルに蓄えられる磁気エネルギーは,次のように表される.

$$W_m = \frac{1}{2} L (\sqrt{2} I \sin \omega t)^2 = \frac{1}{2} L I^2 (1 - \cos 2\omega t)$$

リアクトルに蓄えられる磁気エネルギーは,時間的に一定ではなく,電流の

4.1 リアクトル

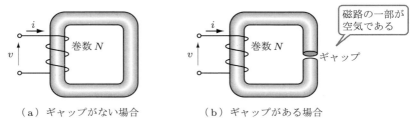

図 4.2　リアクトルの原理

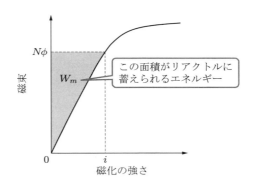

図 4.3　インダクタンスに蓄えられるエネルギー

周波数の 2 倍で脈動している．磁気エネルギーの平均値 W_{mav} を，

$$W_{mav} = \frac{1}{2}LI^2$$

として表しているのである．

一方，リアクトルの容量 P はリアクトルの電圧と電流の積で表される．

$$P = V \cdot I = \omega L I^2 \quad [\text{VA}]$$

つまり，リアクトルの容量とはリアクトルに蓄えられるエネルギーの平均値の 2ω 倍になる．このことは周波数が高いほど小さなリアクトルで大きなエネルギーが蓄えられることを示している．

次に図 4.2（b）に示すように鉄心にギャップを設けた場合について説明する．鉄心にギャップを設けるとギャップ部の透磁率が低いため，磁気回路全体としての磁気抵抗は大きくなる．すなわち，同一電流では磁束が少なくなるのでイ

第 4 章　リアクトルとトランス

ンダクタンスが低下する．図 4.4 で鉄心にギャップがない場合の磁化曲線を ① とすると，鉄心にギャップを設けると ② のような磁化曲線になる．磁化曲線の傾きが小さくなったことは同じ電流を流しても磁束が小さいのでインダクタンスが低下したことを示している．

鉄心の許容磁束密度は鉄心材質で決まる．したがってギャップの有無にかかわらず飽和磁束密度はほぼ同一である．つまり，ギャップを入れることにより，同一の鉄心を使っても蓄えられる磁気エネルギーが増加することになる．エネルギーの増加分を図 4.4 の網かけ部分で示している．リアクトルの寸法を小さくするためにギャップ付鉄心のリアクトルを用いるのである．

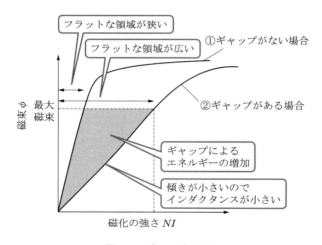

図 4.4　ギャップの効果

ギャップを設けるもう一つの理由は磁気特性の線形化である．図 4.4 で ② の曲線は直線の領域が広い．これは透磁率[*1]が広い範囲で一定であることを示している．このことは回路的には電流値が変わってもインダクタンスが一定であることを表している．インダクタンスが一定であればステップ状に電圧が印加されたときに電流が直線的に上昇する．一方 ① の場合，低い電流で磁気飽和領域に到達する．磁気飽和するとインダクタンスが小さくなるのでリアクトルの

[*1] 透磁率は $\mu = \Delta B / \Delta H$ なので，磁化曲線が直線の場合のみ一定値になる．

インピーダンスが低下する．その結果，磁気飽和により電流が急激に上昇する．リアクトルは磁路にギャップを設けることにより飽和しにくくなるのである．

リアクトルの等価回路を図 4.5 に示す．ここで，r_1 は巻線の抵抗，r_0 は鉄損 (4.4.3 項参照) を表す抵抗，L は理想インダクタンスである．リアクトルの場合，漏れインダクタンスは小さいと考えて等価回路に含まないのが一般的である．ギャップが極端に大きい場合などは r_1 に直列に漏れインダクタンスを入れる．

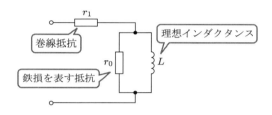

図 4.5 リアクトルの等価回路

4.1.3 直流リアクトル

これまでは交流回路でリアクトルを使う場合について説明した．ここでは直流回路でリアクトルを使う場合について説明する．直流回路で用いるリアクトルを直流リアクトルとよぶ．

電源の直流回路部分にリアクトルを挿入する場合，リアクトルには直流電流に交流電流のリプルが重畳されて流れることになる．図 4.6 に交流リアクトルを流れる電流と直流リアクトルを流れる電流を示す．図からわかるように直流リアクトルを流れる電流は，スイッチングによるリプルが直流電流に重畳している．

直流リアクトルの動作を図 4.7 に示す．直流電流による磁化の強さを H_{DC} [AT] とする．リプル分 (交流分) の磁化の振幅を H_a とする．このとき合成磁化力 h は

$$h = H_{DC} + H_a \sin \omega t$$

と考えることができる．リアクトルの動作点は点 a と点 b の間をスイッチング周波数で移動する．このとき磁化曲線の軌跡は点 a と点 b の間で小さなループを描く．このようなループをマイナーループとよぶ．直流リアクトルはこのマ

第 4 章　リアクトルとトランス

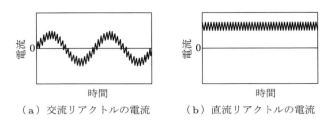

（a）交流リアクトルの電流　　（b）直流リアクトルの電流

図 4.6　交流リアクトルと直流リアクトル

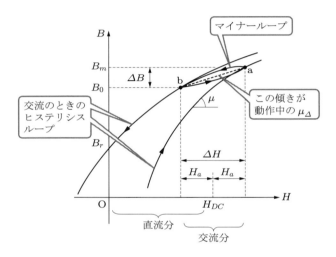

図 4.7　直流リアクトルの動作点

イナーループの線上で動作している．したがって動作中の透磁率は点 a，b 間の傾きなので，

$$\mu_\Delta = \frac{\Delta B}{\Delta H}$$

となる．このリアクトルを直流で使うと，交流で使うよりも実効的な透磁率は低くなる．すなわち直流動作ではインダクタンスは小さくなるのである．

　直流リアクトルは直流電流の広い範囲においてインダクタンスが一定であるのが望ましい．そのためにはギャップを大きくすることが必要である．しかし，ギャップが大きいと漏れインダクタンスが無視できなくなる．このような点から直流リアクトルの具体的な設計にはノウハウが多い．

リアクトルは一般的な汎用パーツとして市販されているものはそれほど多くない．電源用のリアクトルはそれぞれの仕様に基づいて設計製作されたものが多い．リアクトルやチョークコイルなどのインダクタンス部品の仕様決定は電源設計のキー技術の一つである．

4.2 変圧器の理論

変圧器とは交流電力の電圧および電流を異なる電圧および電流に変換するものである．変圧器の出力する電流，電圧は入力した電流，電圧と同一の周波数である．一般の変圧器はこのように交流入力であるが，電源回路では変圧器の入力をオンオフさせるスイッチングトランスが用いられる．本節ではまず，一般的な交流入力の変圧器の理論について述べる．

4.2.1 変圧器の原理と理想変圧器

変圧器とは鉄心に二つ以上の巻線を巻き，電磁誘導による起電力を利用する機器である．変圧器の原理図を図 4.8 に示す．ロの字形の鉄心に二つの巻線が巻かれている．それぞれ 1 次巻線と 2 次巻線とよぶ．1 次巻線の巻数を N_1，2 次巻線の巻数を N_2 とする．このとき，鉄心の透磁率は無限大であり，すべての損失はないものと仮定する．このような仮定をした変圧器を理想変圧器という．

いま，交流電圧 v_1 [V] を 1 次巻線に印加する．このとき発生する鉄心内の磁束を ϕ [Wb] とする．発生した磁束は 1 次巻線と鎖交している．鎖交している

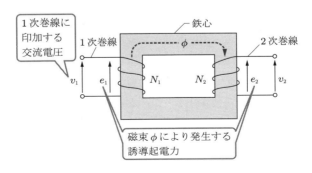

図 4.8 変圧器の原理

第 4 章 リアクトルとトランス

磁束は交流電流により発生したものであり，時間的に変動している．そのため，1 次巻線には印加した電圧とは別に電磁誘導により起電力が生じる．これを誘導起電力 e_1 [V] とする．理想変圧器では与えられた端子電圧と発生する誘導起電力は等しい．

$$v_1 = e_1$$

ϕ は鉄心内の磁束なので，このとき，鎖交磁束 ψ_1 は

$$\psi_1 = N_1 \phi$$

である．電磁誘導による起電力は，鎖交している総磁束の時間変化に比例するので，

$$e_1 = \frac{d\psi_1}{dt} = N_1 \frac{d\phi}{dt}$$

である．

鉄心内の磁束 ϕ は 2 次巻線とも鎖交している．そのため 2 次巻線にも誘導起電力 e_2 [V] が生じる．2 次巻線の巻数を N_2，端子電圧を v_2 とすると $v_1 = e_1$，$\psi_1 = N_1 \phi$ と同様に 1 次巻線に流れた電流により 2 次巻線にも誘導起電力が発生する．

$$v_2 = e_2$$
$$e_2 = N_2 \frac{d\phi}{dt}$$

これらの関係から e_1 と e_2 の関係を求めてみると次のようになる．

$$\frac{e_1}{e_2} = \frac{v_1}{v_2} = \frac{N_1}{N_2} = a$$

この式に示す a を巻数比とよぶ．巻数比は変圧器の基本的な定数である．

次に，変圧器に負荷を接続する．第 1 章の図 1.8 (p. 8 参照) に示したように，変圧器の 1 次巻線に交流電圧源 V_1 [V] を接続する．2 次巻線には負荷インピーダンス $Z_L = R + jX$ [Ω] を接続する．このとき負荷インピーダンスを流れる電流を 2 次電流とよび，次のように表すことができる．

$$I_2 = \frac{V_2}{R + jX}$$

いま，I_2 が流れても鉄心内の磁束 ϕ は変化しないと仮定する．同一の磁束に

二つの巻線が鎖交しているということは二つの巻線の起磁力 (巻数 × 電流) は等しいということである．したがって 1 次巻線と 2 次巻線の起磁力は次のように表される．

$$N_1 I_1 = N_2 I_2$$

これより 1 次電流と 2 次電流の関係を求めると次のようになる．

$$\frac{I_1}{I_2} = \frac{N_2}{N_1} = \frac{1}{a}$$

1 次電流と 2 次電流の関係は巻数比の逆数で表され，$1/a$ は電流の比率を示すので変流比とよぶ．なお，このとき，

$$V_1 I_1 = V_2 I_2$$

の関係が成り立つ．

図 1.8 の負荷インピーダンスについて次のオームの法則が成立する．

$$V_2 = Z_L I_2$$

この式の両辺を a 倍し，変流比 $1/a$ を使って表すと次のようになる．

$$(aV_2) = (a^2 Z_L)\left(\frac{I_2}{a}\right)$$

上の式を整理すると，

$$V_1 = (a^2 Z_L) I_1$$

が得られる．2 次側の負荷 Z_L は，1 次側の電圧 V_1，電流 I_1 に対しては a^2 倍に作用するのである．この関係を用いると図 4.9 のような変圧器のない回路と考えることができる．つまり，この回路は変圧器の巻線を描かなくても変圧器の動作状態を示していることになる．しかも図 4.9 では，2 次巻線を流れる電流は 1 次巻線を流れる電流と同一である．1 次巻線と 2 次巻線の端子電圧も同一である．負荷インピーダンスを a^2 倍することによって二つの巻線の機能を表すことができるようになる．すなわち，これは変圧器の動作を表す等価な回路である．この回路を理想変圧器の 1 次側から見た等価回路とよぶ．

第 4 章　リアクトルとトランス

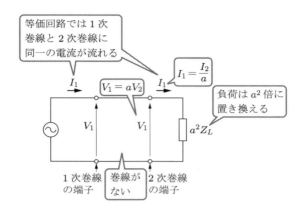

図 4.9　理想変圧器の等価回路

■ 4.2.2　実際の変圧器

実際の変圧器では理想変圧器で用いた仮定が成り立たない．すなわち鉄心の透磁率は有限の値である．透磁率が有限だとインダクタンスを考える必要がある[*1]．巻線には抵抗がある．そのため損失が発生する．さらに鉄心では鉄損も発生する．

実際の変圧器で使っている鉄心の比透磁率は数 100〜1000 程度である．そのため磁束の一部は鉄心の中を通らず，外部に漏れる．その結果，図 4.10 に示すようになる．図(a)では 1 次巻線に電流 i_1 が流れ，2 次巻線に電流が流れていない状態を示す．磁束 ϕ_{m1} は鉄心の中を通り，2 次巻線と鎖交している．これを主磁束という．主磁束は 1 次巻線，2 次巻線とも鎖交しているので両方の巻線に誘導起電力が生じる．

一方，1 次巻線とは鎖交しているが鉄心の外部の空気中を通ってしまうので 2 次巻線とは鎖交しない磁束 ϕ_{l1} が存在する．このような磁束を漏れ磁束という．漏れ磁束は 1 次巻線にのみ鎖交しているので 1 次巻線にのみ誘導起電力が発生する．図(b)は 2 次巻線だけ電流 i_2 が流れている場合を示している．図(a)と同様に主磁束 ϕ_{m2} と漏れ磁束 ϕ_{l2} がある．

[*1] インダクタンス L は $\phi = LI$ で定義される．透磁率を無限大と考えると，インダクタンスも無限大となってしまう．

4.2 変圧器の理論

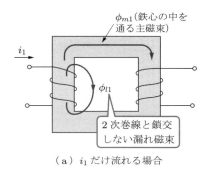
（a）i_1 だけ流れる場合

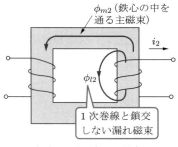
（b）i_2 だけ流れる場合

図 4.10 実際の変圧器の漏れ磁束

磁気飽和がないと仮定した場合，磁束数は電流に比例する[*1]．そこでそれぞれの磁束を対応するインダクタンスとして表すことができる．1次漏れ磁束 ϕ_{l1} に対応するインダクタンスとして1次漏れインダクタンス l_1 [H]，2次漏れ磁束 ϕ_{l2} に対応するインダクタンスとして2次漏れインダクタンス l_2 [H] を考える．

主磁束 ϕ_{m1} に対応するインダクタンスを1次主インダクタンスとする．1次主インダクタンスは

$$L_{01} = \frac{N_1 \phi_{m1}}{i_1}$$

と表す．

図 4.10（a）では1次巻線のみ電流が流れているので，1次巻線の鎖交磁束数 ψ_1 [Wb] は，

$$\psi_1 = L_{01} i_1 + l_1 i_1 = L_1 i_1$$

と表すことができる．ここで，L_1 は1次巻線の自己インダクタンス [H] を表し，主インダクタンスと漏れインダクタンスの和である．

$$L_1 = L_{01} + l_1$$

主磁束 ϕ_{m1} は鉄心中を流れるので2次巻線とも鎖交する．2次巻線と鎖交する磁束数 ψ_2 は

[*1] 磁気飽和がないと仮定すると $B = \mu H$ の関係に示すように磁束数は磁化力 H すなわち電流に比例する．

第 4 章　リアクトルとトランス

$$\psi_2 = -N_2\phi_{m1} = -\frac{N_2\phi_{m1}}{i_1}i_1 = -Mi_1$$

となる．ここで，磁束数に $(-)$ がつくのは主磁束 ϕ_{m1} の方向と 2 次巻線鎖交磁束の方向を逆に定義しているためである．また，ここで用いた，

$$M = \frac{N_2\phi_{m1}}{i_1} \quad [\text{H}]$$

を相互インダクタンスとよぶ．

図 4.10（b）に示した i_2 だけ流れる場合も同様に次のようになる．

$$\psi_2 = L_{02}i_2 + l_2i_2 = L_2i_2$$
$$\psi_1 = -Mi_2$$

ここで，L_2 は 2 次巻線の自己インダクタンスである．相互インダクタンス M は二つの巻線とも共通である．

二つの巻線に電流 i_1，i_2 が流れている場合の磁束，および電磁誘導による起電力の様子を図 4.11 に示す．このとき，次の式のような関係になる．

$$\psi_1 = L_{01}i_1 + l_1i_1 - Mi_2 = L_1i_1 - Mi_2$$
$$\psi_2 = L_{02}i_2 + l_2i_2 - Mi_1 = L_2i_2 - Mi_2$$

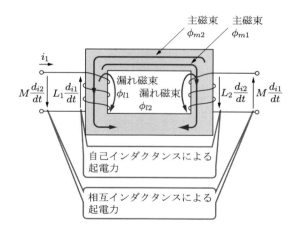

図 4.11　実際の変圧器のインダクタンス

主インダクタンスと相互インダクタンスの関係を $N_1 = aN_2$, $N_2 = N_1/a$ を使って表すと，次のようになる．

$$L_{01} = aM$$
$$L_{02} = \frac{M}{a}$$

自己インダクタンスと相互インダクタンスの関係は巻数比を用いて表すことができるのである．

次に実際の変圧器の等価回路をインダクタンスを用いて導出する．実際の変圧器の巻線には抵抗 r_1, r_2 がある．そのため実際の変圧器では端子電圧と誘導起電力の関係は次のようになる．なお，符号は i_2 と v_2 の方向の関係から決まるものである．

$$v_1 = r_1 i_1 + e_1$$
$$v_2 = -r_2 i_2 + e_2$$

1次，2次巻線に交流電流が流れているとき，誘導起電力 e_1 をインダクタンスを用いて表すと，

$$e_1 = l_1 \frac{di_1}{dt} + L_{01} \frac{di_1}{dt} - M \frac{di_2}{dt}$$
$$e_2 = -l_2 \frac{di_2}{dt} - L_{02} \frac{di_2}{dt} + M \frac{di_1}{dt}$$

となる．

ここで，$L_{01} = aM$，$L_{02} = M/a$ を代入し，i_2/a を使って表すと次のようになる．

$$v_1 = r_1 i_1 + l_1 \frac{di_1}{dt} + aM \frac{d}{dt} \left\{ i_1 - \left(\frac{i_2}{a}\right) \right\}$$

同様に，i_2/a を使って表すと，

$$av_2 = -a^2 r_2 \left(\frac{i_2}{a}\right) - a^2 l_2 \frac{d}{dt} \left(\frac{i_2}{a}\right) + aM \frac{d}{dt} \left\{ i_1 - \left(\frac{i_2}{a}\right) \right\}$$

となる．

また2次巻線に接続された負荷インピーダンス Z においては，

$$v_2 = Zi_2$$

の関係が成り立つ．この式の両辺を a 倍し，同様に i_2/a を使って表すと次のよ

第 4 章　リアクトルとトランス

うになる．

$$av_2 = a^2 Z \cdot \left(\frac{i_2}{a}\right)$$

これらの関係を回路図で表すと図 4.12 に示されるようになる．これが実際の変圧器の等価回路である．この回路は，その形から T 形等価回路とよばれている．

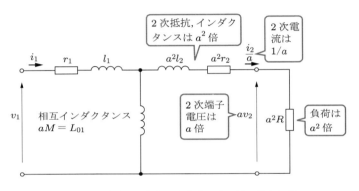

図 4.12　抵抗のみ考慮した実際の変圧器の等価回路

　実際の変圧器では鉄心の磁束により鉄損が発生する．そこで等価回路でも鉄損を考慮する必要がある．鉄損を含んだ等価回路を図 4.13 に示す．図において r_M [Ω] で消費する電力が鉄損を表すと考える．r_M を鉄損抵抗または励磁抵抗とよぶ．また，T 形回路の脚部に流れる電流を励磁電流 i_0 とよぶ．このうち，鉄損抵抗を流れる電流を鉄損電流 i_{0w}，相互インダクタンスを流れる電流を磁

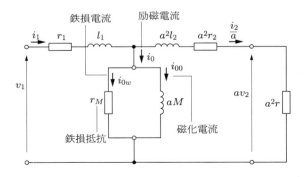

図 4.13　鉄損を考慮した変圧器の T 形等価回路

化電流 i_{00} とよぶ．

以上のようにして実際の変圧器を等価回路により表すことができる．図 4.13 に示した回路を T 形等価回路という．

4.3 スイッチングトランス

直流回路においてスイッチングデバイスと変圧器を組み合わせて，図 4.14 のような使い方をする変圧器をスイッチングトランスとよぶ．ここではスイッチングトランスについて説明する．

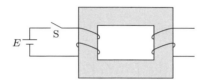

図 4.14　スイッチングデバイスと組み合わせた変圧器

4.3.1　変圧器の極性

変圧器を単独で使用する場合，交流電力を扱うので変圧器の極性はあまり問題にはならない．しかし，直流電源をスイッチングするパワーエレクトロニクスの回路では変圧器の極性が問題になる．

変圧器の極性とは巻線の巻き方により 1 次，2 次の電圧の正負が一致するかしないか，ということである．図 4.15 に示すように点 V を基準としたとき点 U の 1 次電圧の瞬時値と一致する 2 次端子を点 u としている．巻線の方向により 2 次端子の瞬時値が異なる．これを図記号ではコイルに「•」（ドット）をつけて区別している．「•」のある端子は巻き始めであり，互いに同極性の端子であることを示している．

4.3.2　スイッチングトランスの動作

いま，図 4.16 の回路を考える．この回路においてスイッチ S を 1 回だけオンさせたとする．このときトランスの 1 次巻線の両端の電圧と 1 次巻線を流れる電流は図 4.17 のようになる．スイッチオンの時刻を $t = 0$ とし，オフの時刻

第4章　リアクトルとトランス

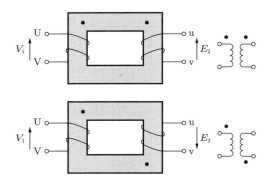

図 4.15　変圧器の極性

図 4.16　スイッチングトランスを使う回路の原理

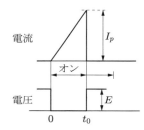

図 4.17　スイッチを1回だけオンした場合

を $t = t_0$ とする．スイッチングトランスの1次端子にはスイッチがオンの期間だけ直流電圧 E が印加される．このとき，1次巻線に流れる電流を求めるには $v = L(di/dt)$ なので，電圧を積分すればよい．1次巻線の電流は巻線のインダクタンスにより

$$i = \frac{1}{L}\int_0^t E\,dt = \frac{E}{L}t$$

となる．電流は時間とともに直線状に増加する．$t = t_0$ でオフするので電流の最大値 I_p は

$$I_p = \frac{E}{L}t_0$$

となる．

インダクタンスには電流が流れている間，エネルギーが蓄積する．電流が

図 4.17 のような三角波の場合，蓄えられるエネルギーは

$$U = \frac{1}{2}LI_p^2$$

となる．図 4.16 の回路では蓄えられたエネルギーが放出されず，オフ時に高電圧を発生する．これは逆起電力とよばれる．スイッチングトランスの場合，この蓄積エネルギーが問題になる．

スイッチングトランスを使用する代表的な回路は第 2 章の図 2.9 (p. 21 参照) に示したフライバックコンバータである．1 次，2 次巻線は逆極性に巻いてある．オン時には 1 次巻線に電流が流れるが，2 次はダイオードがあるため電流は流れない．1 次巻線の電流がオフされるとインダクタンスに蓄積されたエネルギーが逆起電力となってダイオードを導通させ，2 次巻線に電流が流れる．したがってフライバックコンバータでは電流はオンの間に 1 次巻線に電流 I_1 が流れ，オフの間に 2 次巻線に電流 I_2 が流れる．スイッチングトランスはこのようにエネルギーの蓄積と放出を行う．しかも，電流は断続するもののつねに同一方向である．1 次，2 次巻線ともに交流電流を流す一般的な変圧器とは動作が異なり，設計，構造もまったく違うものになっている．

一方，図 2.7 (p. 20 参照) に示したフォワードコンバータはダイオードで電流が阻止されないので，オンの期間に 1 次，2 次巻線同時に電流 I_1, I_2 が流れる．オフの期間はコンデンサの電荷がダイオードを経由して I_d が流れる．このように 1 次巻線と 2 次巻線に同時に電流が流れる．しかし，電流は 1 方向の直流電流の断続である．

■ 4.3.3 スイッチングトランスの使い方

フォワードコンバータでスイッチングトランスを用いる場合，トランスのリセット回路が必要である．図 2.7 においてトランジスタがオンすると 1 次電流 I_1 が流れる．この電流により磁気エネルギーが蓄積される．オフの瞬間に蓄積された磁気エネルギーを放出するために 2 次巻線に逆起電力が発生する．ところがダイオード D_1 で阻止されているため逆起電力による電流が流れない．オン期間に蓄積された磁気エネルギーは，そのまま鉄心内部の磁束密度の増加として存在する．次のオンによりさらにエネルギーが蓄積され，磁束密度もさら

第 4 章　リアクトルとトランス

に上昇する．スイッチングごとに磁束密度は増加するので，ついには磁気飽和を起こしてしまう．

　磁気飽和とは透磁率 μ が低くなり，ついには空気の比透磁率と同じく，1 になってしまうことである．つまり，インダクタンスが低下する．図 4.18 に示すように，一定電圧 E をかけても磁気飽和により磁束密度 B が磁化力 H に比例しなくなりインダクタンス L が低下する．そのため電流が $i = E/L$ とならず，磁気飽和とともに電流は急激に増加する．

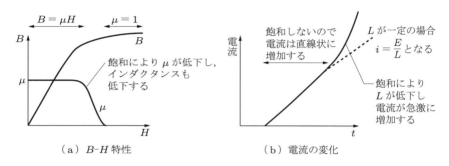

（a）B–H 特性　　　　　　　　（b）電流の変化

図 4.18　磁気飽和

　磁気飽和を防ぐためにはトランスの蓄積エネルギーをオフ期間中に放出する必要がある．これを磁束リセットという．磁束リセットを回路で行う方法については 6.3 節で述べる．

　一つの電源で複数の電圧を出力させるときには図 4.19 に示すように 2 次巻線を複数設ける．このとき，出力回路の電圧に応じてそれぞれの 2 次巻線の巻き

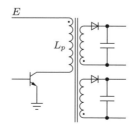

図 4.19　複数出力のスイッチングトランス

数が決まる．多出力の場合，2次巻線をさらに追加すればよい．

また1次側にも別の巻線が追加されることがある．小容量の電源では 2.2.3 項 (p. 22 参照) で述べた自励型の回路が使われる．自励型の RCC 方式ではトランスの逆起電力を利用してスイッチをオンさせるため，図 2.11 (p. 22 参照) に示したように逆起電力を得るための制御用の巻線が設けられる．そのほか，他励式でも磁束の状態を検出するための検出用の巻線が設けられることもある．

4.4 鉄心材料

ここではリアクトル，トランスに用いる鉄心材料について述べる．磁性材料は大きく分けて硬磁性材料と軟磁性材料がある．硬磁性材料とは永久磁石である．鉄心材料には軟磁性材料が用いられている．

4.4.1 軟磁性材料と透磁率

軟磁性材料は磁化しやすいことが要求される．すなわち透磁率が高い材料である．またヒステリシス損失が少ないことが要求される．すなわち保持力が小さい材料である．一方，硬磁性材料はこれとは逆に外部磁界に対しても磁気が消えず，蓄えられたエネルギーを利用できるように保持力が大きい必要がある．両者のヒステリシス曲線の違いを図 4.20 に示す．軟磁性材料は保持力が小さいためヒステリシスループの囲む面積が小さい．硬磁性材料（永久磁石）

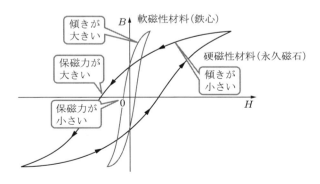

図 4.20 軟磁性材料と硬磁性材料

第4章　リアクトルとトランス

は保持力が大きいためループの囲む面積が大きい．つまり軟磁性材料とはヒステリシスループの面積の小さい材料のことをいう．また，軟磁性材料は曲線の傾きが大きい．これは透磁率 ($\mu = B/H$) が高いことを示している．このことは軟磁性材料は外部の磁界の影響により内部の磁束が変動しやすい性質をもっていることを示している．これとは逆に硬磁性材料は外部の磁界では磁化されにくいが，いったん磁化されると磁化が消えにくいという性質を示している．

透磁率 μ とは磁化の強さに対する磁束密度の比である．

$$B = \mu H$$

ここで，磁化の強さ H の単位は [A/m] である．磁束密度の単位は [T] である．この両者の比が透磁率 μ であり，透磁率の単位は [H/m]，あるいは [N/A^2] である．また真空の透磁率 μ_0 との比を比透磁率 μ_r といい，無次元の数値で，$\mu = \mu_r \mu_0$ となり，真空の透磁率に対する比率である．真空の透磁率 μ_0 は

$$\mu_0 = 4\pi \times 10^{-7} = 1.25 \times 10^{-6} \quad [\text{H/m}]$$

である．

飽和がなく，透磁率は B–H 直線の傾きと考えることができる場合，線形磁気回路という．

■ 4.4.2　鉄　損

鉄を磁化すると発熱する．磁化により消費されるエネルギーを鉄損とよぶ．鉄損 W_i はヒステリシス損失 W_h とうず電流損失 W_e に大別される．

$$W_i = W_h + W_e$$

ヒステリシス損失は交流で磁化されるときに発生する損失である．ヒステリシス曲線の描くループの面積に比例する．ヒステリシス損失 W_h は次のように表される．

$$W_h = k_h \cdot f \cdot B_m^{1.6}$$

ここで，k_h は係数，f は周波数，B_m は最大磁束密度である．B_m の指数 1.6 はスタインメッツ定数とよばれる．材料はいったん磁化されるとヒステリシスにより磁化の履歴が残る．ヒステリシス損失はこれを打ち消すために必要なエネ

4.4 鉄心材料

ルギーと考えることができる．言い換えれば，磁化が交流でプラスマイナスと反転を繰り返すので，その回転に必要なエネルギーということもできる．

うず電流損失とは磁化力の変動により材料の内部に誘導起電力が生じ，それによって流れるうず電流によるジュール熱である．うず電流損失 W_e は次のように表される．

$$W_e = \frac{k_e}{\rho} \cdot t^2 \cdot f^2 \cdot B_m^2$$

ここで，k_e は係数，t は板厚，ρ は材料の抵抗率である．

うず電流損失を低下させるためには鉄にケイ素 (Si) を添加して抵抗率を高くする．そのため，電磁鋼板をケイ素鋼板とよぶこともある．また，うず電流の経路を遮断するため板厚の薄い鉄板を用い，表面を絶縁して積層する．積層した場合としない場合のうず電流の様子を図 4.21 に示す．

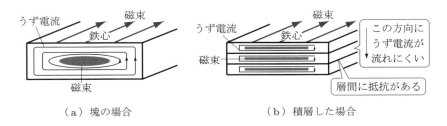

（a）塊の場合　　　　　　（b）積層した場合

図 4.21　積層によるうず電流の低下

■ 4.4.3　さまざまな鉄心材料

常温で磁性がある金属は鉄，コバルト，ニッケルの 3 種類に限られる．そのため，軟磁性材料とはこの 3 種の材料そのものか，いずれかが配合されている合金ということになる．

(1) 電磁鋼板

大容量のリアクトルやトランスの鉄心には電磁鋼板が用いられる．電磁鋼板とは，鉄にケイ素を添加し，さらに各種の金属を添加することにより結晶方位や磁区を制御し，磁気特性を向上させた板材である．表面には絶縁被膜をコーティングした電気機器専用の鋼材である．

電磁鋼板は方向性電磁鋼板と無方向性電磁鋼板に大別される．方向性，無方

第 4 章　リアクトルとトランス

向性という意味は，鉄の結晶には磁化容易方向があり，圧延時に磁化容易方向を圧延方向にそろえたものを方向性電磁鋼板とよんでいる．リアクトル，トランスには方向性電磁鋼板が用いられる．一方，磁化容易方向がランダムになるように製造されたものが無方向性電磁鋼板である．

(2) フェライト

フェライトは酸化鉄を主成分とするセラミクスの総称である．このうち軟磁性特性をもつものをソフトフェライトとよぶ．これに対し，永久磁石に用いるフェライトはハードフェライトとよばれる．ソフトフェライトの主原料は酸化鉄であるが，亜鉛系の材料が配合されている．ソフトフェライトは飽和磁束密度はやや小さいものの，電気抵抗が大きく，うず電流損失がない．したがって高周波領域における磁気特性が優れている．

フェライトを使った各種の形状のコアが市販されている．コア形状の例を図 4.22 に示す．

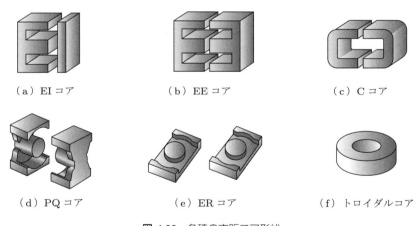

　　(a) EI コア　　　　　(b) EE コア　　　　　(c) C コア

　　(d) PQ コア　　　　　(e) ER コア　　　　　(f) トロイダルコア

図 4.22　各種の市販コア形状

(3) アモルファス合金

アモルファス (amorphous) とは非晶質と訳される．金属の結晶は規則的な配列をしており，金属によって固有の配列がある．しかし，溶融金属を急冷すると

4.4 鉄心材料

結晶構造をもたずに固体になる場合がある．これをアモルファス金属という[*1]．

　鉄，ケイ素，ホウ素の合金をアモルファス化すると良好な磁気特性が得られる．これが軟磁性材料に使われている．アモルファス合金は粉体にしてダストコアに使われることもある．しかし，鉄心には溶融した合金をロールに吹き付けてアモルファス状態で固化させたアモルファスリボン（箔帯）が一般に用いられる．アモルファスリボンは厚さ約 20 μm 程度であり，巻鉄心として積層される．巻鉄心の例を図 4.23 に示す．巻いたあと切断して C コアとして利用する．アモルファスの特徴は鉄損が小さいこと，透磁率が高いことである．一方，飽和磁束密度はやや低い．

図 4.23　巻鉄心

(4) その他の合金系鉄心材料（ダストコア）

　磁気特性の優れた合金系の材料は一般的に硬く，もろい．したがって機械加工は難しいが，粒子に粉砕することは容易である．そこで粉砕した粉体を再度成型して固めてコアとする．これはダストコアと古くからよばれている．

　パーマロイは鉄とニッケルの合金で透磁率が高いことを特徴としている．鉄とニッケルの合金ではニッケルが 78.5% になると初磁化透磁率が最大となる．これを 78 パーマロイ（パーマロイ A）とよぶ．これよりニッケルを減らすと透磁率は下がるが飽和磁束密度が高くなる．ニッケル 45% のものは 45 パーマロイ（パーマロイ B）とよばれている．パーマロイは高い透磁率を生かして磁気ヘッドによく使われる．

　パーメンジュール (permendur パーメンダーと表記することもある) は鉄とコ

[*1] 結晶構造のない固体の例としてガラスがある．

第4章　リアクトルとトランス

バルトがほぼ同じ割合の合金である．軟磁性材料では最高の飽和磁束密度である 2.4 T をもつ．また，透磁率も 20000 と高い．このため高磁力への応用が可能である．しかし磁歪が大きいことが欠点である．

センダストは鉄，ケイ素，アルミニウムの合金である．センダストも高い透磁率が特徴である．

これらのダストコアはコストが高いこともあり，磁気ヘッドにはよく使われるがトランスやリアクトルにはなかなか使われていない．

(5) SMC

近年，SMC (Soft Magnetic Composite：軟磁性複合材料) とよばれる粉体を使った圧粉磁心は高性能化が進んでいる．従来のダストコアとは異なり，バインダの量が極端に少ないため密度が高い．そのため，リアクトルのコアとして実用化されている．SMC とは約 100 μm 程度の鉄または鉄系の粉末の表面を絶縁皮膜で覆った粉体を圧縮成形して製造するコア材料である．材料を型によって圧縮成形し，固着は混練したバインダを熱で硬化させて行う．そのため 3 次元的な形状のコアを容易に製作することができる．粉体間が絶縁されているため，うず電流の流れる長さが粉体の直径だけとなる．したがって，うず電流損失が極めて小さい．

4.5　巻　線

4.5.1　巻線材料

変圧器，リアクトルとも巻線が必要である．巻線とは「電気機器の巻線および配線に用いるエナメル線と横巻線の総称」である．エナメル線とは導体に樹脂，絶縁塗料を焼き付けた線であり，横巻線とは導体の長さ方向に対して繊維，テープなどをらせん状に巻きつけた線である．中小容量の変圧器，リアクトルでは多くがエナメル線を使用している．エナメル線の基本構造を図 4.24 に示す．エナメル線の多くは丸線であるが，リアクトル，変圧器では平角線が使われることも多い．平角線を図 4.25 に示す．

エナメル線は絶縁被膜の種類で分類され，よび名がつけられている．ポリウレタン線は UEW，ポリエステル線は PEW などとよばれる．絶縁被膜の種類によって耐熱クラスが異なる．耐熱クラスとは寿命と温度の関係で定められて

4.5 巻　線

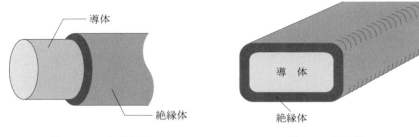

図 4.24　エナメル線　　　　　　図 4.25　平角線

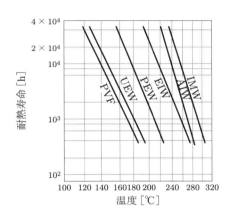

図 4.26　エナメル線の耐熱寿命の例

いるものである．図 4.26 にエナメル線の耐熱寿命の例を示す．

このほか，巻線をするためにはボビンが必要である．さらに，コイル間には相間絶縁用の絶縁フィルム，コイルの固定にはワニスやテープが使われ，それぞれ耐熱クラスにふさわしい材料を使用する．

4.5.2　巻線方法

一般に示されている変圧器，リアクトルの巻線の原理図を図 4.27 に示す．ところが現実の変圧器，リアクトルではこのように 1 か所に集中して巻線をすることがない．実際に行われる各種の巻線の例を図 4.28 に示す．図（a）に示すスイッチングトランスでは EI コアを用いて中央の脚に巻線されることが多い．中

第 4 章　リアクトルとトランス

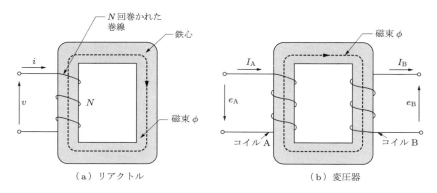

(a) リアクトル　　　　　　　　　　　(b) 変圧器

図 4.27　変圧とリアクトルの原理図

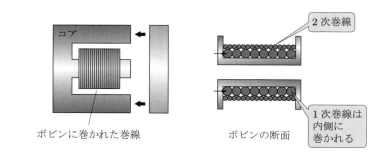

(a) スイッチングトランスの巻線

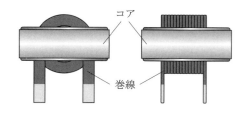

(b) リアクトルの巻線（平角線エッジワイズ巻）　　(c) トロイダルコアの巻線

図 4.28　各種の巻線の例

4.5 巻線

央の脚に 1 次巻線と 2 次巻線を脚全体に分布するように巻く．これは鉄心を通らない漏れ磁束でも 1 次，2 次巻線と鎖交するため，変圧器としての結合係数を高くできるためである．巻線は樹脂製のボビンに巻かれ，巻線をしたあとに脚にはめあわされる．リアクトルでも EI コアが使われる．巻線には図(b)のように平角線をエッジワイズに巻く場合もある．また，トロイダルコアを使う場合には，円環状のコア全体にわたって巻線が分布するように巻線される（図(c)）．また，リアクトルで C コアを使う場合，図 4.29 のようにコアの直線部分を使って巻線される．

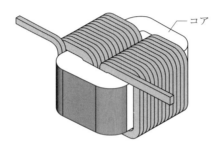

図 4.29 リアクトルの巻線

変圧器，リアクトルともコアに巻線するだけの単純な構成であるが，コアをどのように分割して巻線を巻くか，巻いたものをどのようにコアに挿入するかは製造方法だけの問題ではなく，磁気的な性能にも影響がある．リアクトル，変圧器などの「巻物」は現場におけるノウハウの多い技術分野である．

5 整流回路

電源に供給される電力は多くの場合,商用電源の交流電力である.交流の電力をそのまま利用して変換する場合もあるが,いったん直流電力に変換し,直流電力を電力変換回路によって所要の電力形態に変換する場合も多い.そのため,交流を直流に変換する整流回路が用いられる.本章では多くの電源に共通する回路である整流回路について述べてゆく.

5.1 交流から直流への変換

交流を直流に変換することを整流という.また交流を直流に変換する電力変換を順変換とよぶ.ここでは単相の整流回路を使って整流と平滑について説明する.なお,交流信号を直流電圧信号に変換することを検波ということがあるが,検波は小電力,小信号の信号処理の操作に対して使用する言葉である.

5.1.1 半波整流回路

ダイオードは外部から制御することができず,印加される電圧の極性によってオンオフする非可制御型素子である.ダイオードを使うと電流の極性が交番する交流電力のうち,一方の極性の電流だけ流すことができる.

ダイオードを使った半波整流回路の原理を図 5.1 に示す.半波整流回路は交

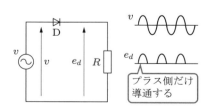

図 5.1 半波整流の原理

流電流の半周期しか利用しないため入力側の総合力率が極端に悪い.また,直流電圧のリプルが大きいので,出力側で利用できる直流電圧が低い.これを電圧利用率[*1] が低いという.

■ 5.1.2 全波整流回路

ダイオードを使って交流の正負の両サイクルを利用する回路を全波整流回路という.変圧器の中点タップを使用した二相全波整流回路を図 5.2 に示す.交流電圧の極性に応じて D_1,D_2 が交互に導通する.そのため,交流のプラスマイナスの両極性が利用できる.変圧器の中点タップを用いる場合,整流素子が二つでよい.しかも整流素子による電圧降下が次に述べるブリッジ回路よりも小さいことが特徴である.

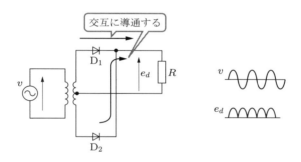

図 5.2 二相全波整流

変圧器を使わない場合,ダイオードのブリッジ回路を使う.ダイオードブリッジを使用した単相全波整流回路を図 5.3 に示す.なお,R は直流側の回路で消費する電力を表す負荷抵抗である.ブリッジ回路は一般によく使われている.このブリッジ回路では交流が正の半サイクルでは D_1 と D_4 が導通し,負の半サイクルでは D_2 と D_3 が導通する.いま,交流電圧が次のように表されたとする.

$$v = \sqrt{2} V \sin \omega t \tag{5.1}$$

ここで,V は実効値であり,$v = \sqrt{2} V$ が交流電圧の波高値である.

このときの直流側の出力電圧 e_d は図 5.4 に示すような波形になる.これは式

[*1] 電圧利用率は入力電圧に対して利用可能な出力電圧の比率である.

第 5 章　整流回路

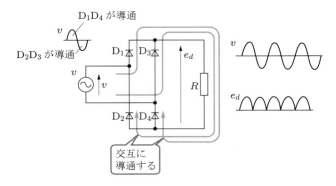

図 5.3　ダイオードブリッジ回路による単相全波整流

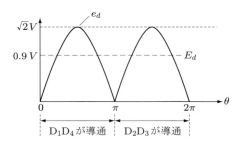

図 5.4　全波整流回路の出力波形

で表すと，$e_d = |v|$ である．このとき e_d の平均値 E_d は次のように求めることができる．

$$E_d = \frac{1}{\pi} \int_0^\pi \sqrt{2} V \sin\theta \, d\theta = \frac{2\sqrt{2}}{\pi} V \approx 0.9V \tag{5.2}$$

この式に示す平均値 E_d が利用できる直流電圧である．E_d は直流成分とよばれる．V は交流電圧の実効値なので，交流の実効値の約 90% が直流成分として利用できることがわかる．電圧利用率は 90% である．しかしながら e_d の波形は脈流であり，完全に直流に変換されたわけではない．脈流電圧は平滑しないと完全な直流電圧にならない．表 5.1 に各種の整流回路の特性を示す．

5.2 コンデンサ入力型整流回路

表 5.1 各種整流回路の比較

回路方式	単相半波	単相全波	三相全波
出力相数	1	2	6
回 路			
直流出力電圧	$0.45\,V$	$0.9\,V$	$1.35\,V$
直流電圧脈動率(%)	$121(2f)$	$48(2f)$	$4.2(6f)$
素子電流平均値	I_d	$\frac{1}{2}I_d$	$\frac{1}{3}I_d$

V は入力交流の実効値，f は交流周波数（脈動の周波数）

5.2 コンデンサ入力型整流回路

全波整流回路で得られた脈流を直流に平滑するためにコンデンサを用いる．これをコンデンサ入力型整流回路とよぶ．全波整流回路と負荷抵抗 R の間にコンデンサ C を設ける．回路図を図 5.5 に示す．

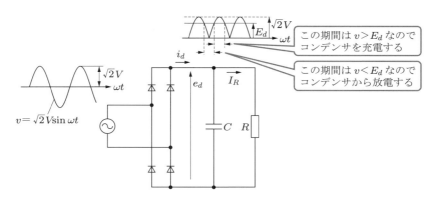

図 5.5　コンデンサ入力型整流回路

この回路では，全波整流回路の出力電圧が高いときにはコンデンサが充電される．同時に負荷抵抗にもその電圧が印加される．また，全波整流回路の電圧が低いときには，コンデンサに充電された電圧が負荷に印加される．そのため，コンデンサの両端電圧は図 5.6 に示すように ΔE_d だけ変動する直流電圧にな

第 5 章 整流回路

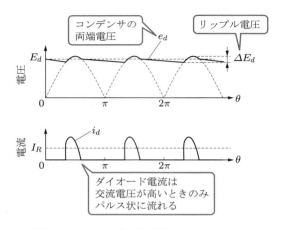

図 5.6 コンデンサ入力型整流回路の電圧と電流

る．このとき，ΔE_d を電圧リプルという．電圧リプルは次のように表される．

$$\Delta E_d = \frac{I_R}{2fC}$$

ここで，I_R は負荷抵抗を流れる電流の平均値，f は交流の周波数，C はコンデンサの静電容量である．この式から C が大きいほど電圧リプルは小さいことがわかる．なお出力電圧の平均値 E_d は次のように表される．

$$E_d = \sqrt{2}V - \frac{1}{2}\Delta E_d = \sqrt{2}V - \frac{I_R}{4fC}$$

この式は出力電圧の平均値が負荷電流により変化することを示している．

このときダイオードを流れる電流 i_d は交流電圧がコンデンサ電圧より高い期間だけ流れるため，図 5.6 のようにパルス状になる．電流は連続するので，交流側を流れる電流も同一のパルス状になってしまう．このことは入力電流に高調波を多く含むことになる．これはコンデンサ入力型整流回路の欠点である．

5.3 チョーク入力型整流回路

直流を平滑するためにインダクタンスを使うことができる．これをチョーク入力型整流回路とよぶ．チョーク入力型整流回路を図 5.7 に示す．チョーク入力型整流回路とは直流回路にリアクトル L が接続されている回路である．

5.3 チョーク入力型整流回路

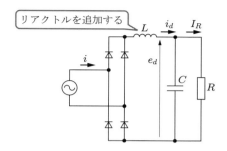

図 5.7 チョーク入力型整流回路

負荷電流がゼロのときには直流電圧は交流電圧の最大値 $\sqrt{2}V$ に等しくなる．しかし負荷電流が増加すると急激に直流電圧は低下する．直流電流が小さいと電流は断続してしまう．しかし，ある程度の大きさの負荷では直流電流は連続して流れる．直流電流が連続するとき，直流電圧は次の式で表される．

$$E_d = \frac{2\sqrt{2}}{\pi}V - r_L I_R = 0.9V - r_L I_R \approx 0.9V$$

ここで，r_L はリアクトルの巻線抵抗である．リアクトルの巻線抵抗 r_L が無視できるとすれば出力電圧はほぼ一定と考えることができる．

リアクトルは電流の変化を小さくする作用がある．いま，チョーク入力型整流回路のリアクトルのインダクタンスが十分大きいとする．このとき，リアクトルを流れる電流 i_d は負荷電流 I_R とほぼ同じ波形になり，ほぼ直流と考えることができる．これを図 5.8 に示す．一方，交流側の入力電流 i は振幅が I_R の方形波となる．チョーク入力型整流回路はインダクタンスの働きにより入力と出力の電流波形は同一でない．

チョーク入力型整流回路の入力力率の理論値を示そう．総合力率 (Power Factor：PF) は皮相電力と有効電力の比である．交流入力の有効電力 P は直流出力の有効電力と等しいので次のように表される．

$$P = E_d I_R$$

ここで，直流電圧の平均値 E_d は次のように表される．

$$E_d = \frac{1}{\pi}\int_0^\pi \sqrt{2}V \sin\theta \, d\theta = \frac{2\sqrt{2}}{\pi}V$$

第 5 章 整流回路

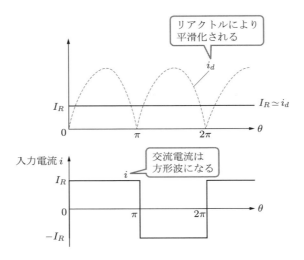

図 5.8 チョーク入力型整流回路を流れる電流

また，交流入力の電流の実効値は次のように表される．

$$I_{ACrms} = \sqrt{\frac{1}{\pi}\int_0^\pi i^2\,d\theta} = i_d = I_R$$

したがって，交流入力の皮相電力は $V \cdot I_{ACrms} = V \cdot I_R$ となる．
総合力率 PF は次のように表される．

$$PF = \frac{P}{VI_{ACrms}} = \frac{E_d I_R}{VI_{ACrms}} = \frac{2\sqrt{2}}{\pi} \approx 0.9$$

この式はチョーク入力型整流回路の入力力率が 0.9 と高い値を示すということを表している．以上，説明した二つの整流回路の出力電圧特性の違いを図 5.9 に示す．

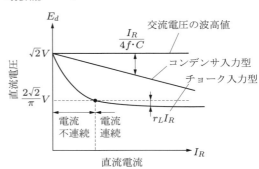

図 5.9 直流電圧の変動の比較

5.4 各種の整流回路

5.4.1 倍電圧整流回路

交流電圧の波高値以上の高い電圧が得られる整流回路について述べる．たとえば単相 100 V 電源の入力で出力が 200 V 級の直流電圧が得られるのが倍電圧整流回路である．

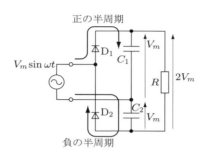

図 5.10 倍電圧整流回路

倍電圧整流回路を図 5.10 に示す．この回路では交流電源の電圧が正の半周期には D_1 が導通してコンデンサ C_1 を交流電圧のピーク値 $V_m\,(=\sqrt{2}V)$ まで充電する．電源電圧の負の半周期には D_2 が導通してコンデンサ C_2 を交流電圧のピーク値まで充電する．その結果，負荷 R には交流電圧のピーク値の 2 倍の電圧を印加することができる．したがって，単相 100 V 入力でも直流電圧として 282 V が使用できるようになる．家電製品などで単相電源を使って三相 200 V 定格のモーターを駆動するような電源回路によく使われている．

5.4.2 同期整流

同期整流とはダイオードを用いずにスイッチングデバイスの制御により整流動作させる回路である．同じような働きをする回路には第 7 章で述べる PWM コンバータがある．PWM コンバータは主として交流側の高調波を低下させ，交流電流波形を正弦波に制御することが目的である．しかし，同期整流回路は整流回路の損失を低下させるために用いられる．ダイオードでは順方向の電圧降下が大きい．そこでダイオードと同じ動作を FET，IGBT などの電圧降下の小さ

第 5 章 整流回路

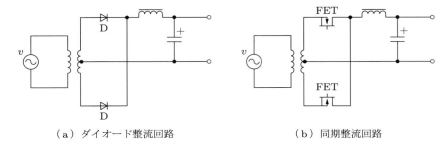

(a) ダイオード整流回路　　　　(b) 同期整流回路

図 5.11 ダイオード整流回路と同期整流回路の比較

いデバイスで行う．同期整流回路の例を図 5.11 に示す．ダイオードでは 0.5 V の順方向電圧降下があるとすると，同クラスの FET ではその 1/10 の 0.05 V になる．

さらに，同期整流回路はオンすれば逆方向の電流を流すこともできる．負荷の急変などによる直流電圧の上昇を検出してオンすれば電流が逆流し，電圧上昇を防ぐこともできる．同期整流回路は低電圧大電流の用途でその特徴を生かすことができる．

── COLUMN ▶▶ 交流の周波数 ──

わが国では東日本は 50 Hz，西日本は 60 Hz の交流が使われています．家電製品などは 50/60 Hz 共用のものもありますが，50 Hz 専用，60 Hz 専用というものもあります．引越しをしたときには注意しなくてはなりません．

明治時代に最初にわが国で配電された電気は直流電力を使っていました．アーク灯の照明などが主な用途でした．しかし，海外の動きから交流を導入しよう，ということになりました．当時の東京電燈はドイツから 50 Hz の発電機を輸入して火力発電所を作りました．一方，大阪電燈は米国から 60 Hz の発電機を輸入して水力発電所を建設しました．そのときの周波数が現在まで続いています．

この時代，インダクタンスによる電圧降下を小さくするために低い周波数を採用することがありました．ナイアガラ発電所は最初は 25 Hz の発電所でした．逆に電球のチラツキを少なくするという目的で 133 Hz という高い周波数も採用されていました．

現在はアメリカ，カナダ，中南米では主に 60 Hz，ヨーロッパ，アフリカの大部分は 50 Hz が使われています．日本と同じように 50/60 Hz が混在している国もトルコやアフガニスタンなどいくつかあります．

5.4 各種の整流回路

　しかし 50, 60 Hz 以外の周波数が現在でも使われているところがあります．航空機搭載の機器は 400 Hz が標準です．これは周波数が高いほうが機器を小型化できることを狙ったものです．また，ドイツをはじめとするヨーロッパの鉄道では $16\frac{2}{3}$ Hz (50 Hz の 1/3) が使われています．このほか 25 Hz (50 Hz の 1/2) という周波数を使っている鉄道もあります．これは当初使われたモーターの仕様にあわせて極力低い周波数を採用したものと思われます．

6 電源のアナログ電子回路技術

　電源の動作の基本はスイッチングである．スイッチングとはオンとオフの繰り返し動作なので，電源の主回路はディジタル回路のように動作をしているように見える．しかし電源のスイッチングとディジタル回路の動作の大きな違いは過渡現象にある．

　ディジタル回路では過渡現象が終了してからの定常状態を用いて0か1としている．これに対して電源のスイッチングでは，過渡現象が終了する前に次のスイッチングのタイミングが来てしまう．つまり，電源はつねに過渡状態で動いていると考えてよい．したがって，電源回路の動作を理解するためにはアナログ回路の動作の理解が必要となる．そこで，ここではまず，パワー半導体デバイスの駆動回路について説明する．さらに高周波のスイッチングにより生じるさまざまな現象やインダクタンスにかかわるアナログ回路について述べる．

6.1　駆動回路

　電源を動作させるには主回路の半導体デバイスのための駆動回路が必要である．駆動回路とは主回路と制御回路の間にありインターフェイスの役割を果たすものである．駆動回路は次の三つの機能が必要とされる．

(1) 制御回路の信号を半導体デバイスの駆動に十分なレベルの電圧または電流に増幅する．
(2) オンするために立ち上がりの早いプラス出力とオフするためのマイナス出力ができる．
(3) 制御回路と主回路を絶縁できる．

これらはバイポーラトランジスタ，パワー MOSFET，IGBT など半導体デバイスの種類を問わず共通的に必要とされることである．

6.1 駆動回路

■ 6.1.1　ドライブ条件と半導体デバイスの特性

半導体デバイスは制御入力のオンオフに応じて動作する．しかし，実際の動作は制御端子へ入力する電圧，電流に対して動作が変化する．そのため駆動回路は半導体デバイスの動作に対してふさわしい電圧または電流を出力する必要がある．

駆動回路の出力する駆動波形の原理を図 6.1 に示す．図 6.1（a）は IGBT のゲート・エミッタ間に電圧として印加されるゲート・エミッタ間電圧 V_{GE} である．IGBT はゲートにプラスマイナスの電圧を印加されることによりオンオフする．オフ中もゲートにはマイナスの信号を入力している．これを負のバイアスという．IGBT は電圧信号で駆動する半導体デバイスである．

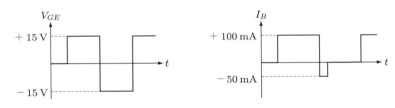

（a）IGBT のゲート・エミッタ間電圧　　（b）バイポーラトランジスタのベース電流

図 6.1　パワーデバイスの駆動波形

図 6.1（b）はバイポーラトランジスタのベース電流 I_B を示している．バイポーラトランジスタはベース端子に電流を流し込む（プラス）とオンし，ベース端子から電流を一気に引き出す（マイナス）と急激にオフする．バイポーラトランジスタは電流で駆動する半導体デバイスである．

IGBT を例にしてゲートの信号が変化したときの IGBT のスイッチング特性の変化を説明しよう．オン時の正のゲート電圧を増加させるとコレクタ・エミッタ間電圧が低下するのでオン損失が低下する．さらに立ち上がり時間 (t_{on}) も短くなる．高いゲート電圧はデバイスの動作としては望ましいように思える．しかし，ゲート電圧が高いとターンオンのときに発生するサージ電圧が増加し，それにともないノイズの発生が増加する．また短絡耐量[*1]も低下するので望まし

[*1] IGBT の出力が短絡したときの素子破壊までの時間．通常数 μs オーダーである．

第6章 電源のアナログ電子回路技術

いばかりではない.しかし,ゲート電圧が高い状態でもゲート電流を低下させればサージ,ノイズとも低下する.ただし,ゲート電流が低いと立ち上がり立ち下り時間とも長くなる.なお,ゲート電流は駆動回路とゲートの間に入れるゲート抵抗の値で調節する.このように駆動回路の出力条件により半導体デバイスの動作が変化する.あちらを立てればこちらが立たずのようになるが,一般的にはメーカーから公表されるデバイスの推奨値が妥当な組み合わせになっていると考えてよい.

■ 6.1.2 駆動回路の原理

IGBTの駆動回路の原理図[*1]を図6.2に示す.制御回路から出力する5Vのオンオフ信号をフォトカプラで絶縁する.制御信号のオンオフに対応させてQ_1,Q_2を交互に切り換える.Q_1,Q_2のオンオフによりIGBTのゲート端子に$+V_G$または$-V_G$のいずれかの直流電源を接続することになる.またゲート電流を制限するためにゲート抵抗R_Gが入れられている.外部のゲート抵抗R_Gは素子内部のゲート抵抗r_gとの合成で考える必要がある.なお,数10A級のIGBTでは内部のゲート抵抗はほぼゼロと考えてよい.

制御信号と駆動回路の電圧,電流の波形を図6.3に示す.IGBTはゲート・エミッタ間にコンデンサ成分がある.IGBTをオンさせるためには,このコンデ

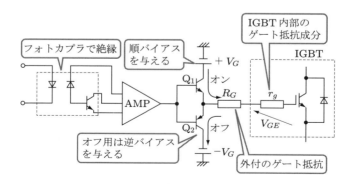

図 6.2 駆動回路の原理

[*1] ⏚は電位安定のためのグラウンドを示し,大地に接続した⏚とは異なる.

6.1 駆動回路

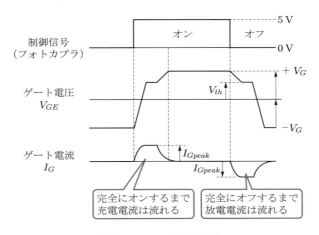

図 6.3　IGBT の駆動波形

ンサ成分の静電容量にゲートから電荷を注入することが必要である．逆にオフさせるには，静電容量に蓄積された電荷をゲートから放出させる必要がある．オン信号に応じてゲート電圧を印加すると，静電容量の充電電荷量に対応するゲート電流が流れる．オフ時には静電容量に蓄積された電荷に対応する電流が流れる．このようにオンまたはオフの期間だけ電流が流れるので IGBT の駆動に必要な電力は小さい．ゲート電流の平均値は素子の入力の静電容量と，充放電の繰り返し回数（スイッチング周波数）で決まる．また，ゲート電流のピーク値は次の式で近似して求めることができる．

$$I_{Gpeak} = \frac{+V_G + |-V_G|}{R_G + r_g}$$

ここで，$+V_G$ は順方向電源電圧，$-V_G$ は逆バイアス電源電圧，R_G は駆動回路のゲート抵抗（外部で接続），r_g は素子内部のゲート抵抗である．通常，ゲート抵抗は数 Ω 以上が使われるので，ゲート抵抗による電力消費も考える必要がある．

IGBT の駆動用の IC も市販されている．また，駆動回路が内蔵された IPM (Intelligent Power Module) もある．これらを用いると 5 V のスイッチング信号を入力するだけで半導体デバイスが駆動でき，さらに装置の小型化も実現できる．

第6章 電源のアナログ電子回路技術

6.2 回路のインダクタンスとスナバ

　電源の主回路をスイッチングすると配線のインダクタンスによりサージ電圧が発生する．サージ電圧が高いとデバイスの破壊やノイズの発生の原因になる．主回路の配線には必ず分布インダクタンス L_S が存在するためサージは必ず発生する．スイッチングによりパワーデバイスの両端には次のような電圧が現れる．

$$\Delta V_{CE} = L_S \frac{di}{dt}$$

この電圧は電流の変化時のみに短時間だけ出現する．これがパルス幅の短いサージ電圧の原因である．とくに短時間でターンオフ，ターンオンする高速スイッチングでは電流の変化率 (di/dt) が非常に大きいのでサージ電圧も高くなる．

　インダクタンスによりサージ電圧が発生するメカニズムを説明する．図6.4（a）に示すような回路を考える．直流電源 E からスイッチ S までの配線インダクタンスを L_S とする．いまこの回路でスイッチ S がオンオフすると考える．図（b）は S がターンオフしたときの波形である．IGBT のターンオフにより I_C が減少するのでその減少率 di/dt によりサージ電圧 ΔV_{CE} が発生する．

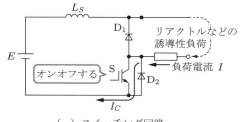

（a）スイッチング回路

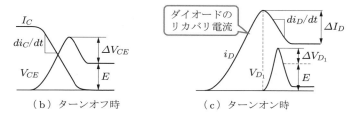

（b）ターンオフ時　　　　（c）ターンオン時

図 6.4　スイッチングによるサージの発生

6.2 回路のインダクタンスとスナバ

また，図(c)はターンオン時の波形である．このときはダイオード D_1 の逆回復時間に流れるリカバリ電流 i_D の変化率 di/dt によりサージが発生する．これのサージには IGBT に逆並列に接続されたフィードバックダイオード D_2 の特性が影響する．

スイッチング時間を長くすれば電流の変化をゆっくりさせることができる．したがって di/dt は小さくなり，サージ電圧は低減できる．しかしそれではスイッチング損失を増加させることになる．サージ電圧を低減するためには配線インダクタンスを小さくすることが必要である．配線インダクタンスを小さくするには電源の構造や容量によって具体的な手法が異なる．共通する考え方は配線の長さを短く，かつ正負の配線を近接させることである．

配線のインダクタンスをゼロにすることはできないので，サージ電圧は必ず発生してしまう．そのためサージ電圧を吸収するスナバ回路が用いられる．スナバ回路の動作原理を図 6.5 の RC スナバ回路により説明する．RC スナバ回路はコンデンサ C と抵抗 R の直列回路を用いて，スイッチングデバイスである IGBT と並列に接続されている．IGBT がオンしていると ① で示すように負荷電流 I はそのまま IGBT に流れる．IGBT がオフされ，コレクタ電流 I_C が減少すると，負荷電流 I は ② で示すようにスナバ回路に流れ込み，スナバコンデンサ C を充電する．そのためスナバ回路の電圧は上昇する．スナバ回路の電圧が電源電圧 E より大きくなると，負荷電流 I は ③ で示すようにダイオード D_1

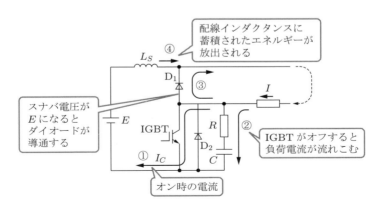

図 6.5 RC スナバ回路の動作

第 6 章　電源のアナログ電子回路技術

に流れこむ．同時に配線インダクタンス L_S に蓄積されたエネルギーが ④ に示すように放出され，③，④ の電流は負荷を経由してスナバコンデンサに流れ込む．このときスナバコンデンサの電圧はピーク値になる．スナバコンデンサ C の容量が大きいほどスナバコンデンサのピーク電圧が下がり，サージ電圧が低くなる．しかも C が大きいほど V_{CE} の電圧上昇率が低くなるので IGBT がオフするときのスイッチング損失も低減する．

種々のスナバ回路を図 6.6 に示す．図（a）〜（c）は直流のプラスマイナス間に入れるスナバである．小容量の場合によく使われる．図（a）はインダクタンスをキャンセルするために 0.1μF 程度の高周波用コンデンサ（フィルムコンデンサなど）をプラスマイナス間につけたものである．コンデンサが高周波成分のサージを吸収する．図（a）のスナバでサージ電圧が振動的になる場合には振動を吸収し減衰させるために，図（b）のように制動抵抗を入れた RC スナバを用いる．図（b）では抵抗の両端に電圧が残るため，コンデンサに蓄えられた電荷がすべて放電しない．図（c）のような RCD スナバにすればコンデンサの電荷は抵抗を通して放電されるのでスナバとしての効果が大きくなる．大容量の場合，スイッチングデバイスごとに CR または CRD スナバを接続する．これ

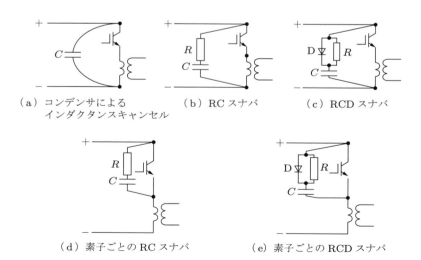

図 6.6　各種のスナバ回路

を図(d), (e)に示す.

スナバ回路は，インダクタンスに蓄えられたエネルギーをコンデンサに充電することでいったん吸収する．そして次のスイッチングまでの間に抵抗で熱として消費するというのが基本的な考え方である．したがってスナバ抵抗の消費電力を考慮し，場合によっては抵抗からの発熱を考慮する必要がある．

スナバ回路の効果は分布インダクタンスの大きさにより変化するため，すべてを設計時に机上で計算することはできない．回路を実装して，現実のサージ波形を見ながらスナバ回路の定数を決定してゆく必要がある．

6.3 磁束のリセット回路

変圧器はそもそも交流で使う電気機器である．入力電圧がプラスマイナス交互にバランスして印加されれば何の問題もない．しかし電源回路でスイッチングトランスを使う場合，単一方向のパルスを入力させることになる．このとき各パルスの入力ごとに変圧器の鉄心内の磁束をいったんリセットする必要がある．

磁束のリセットとは変圧器の鉄心内部の磁束を残留磁束密度 B_r まで下げるということである．図 6.7 には一般的なヒステリシスカーブ (B–H 曲線) を示している．横軸の H は起磁力であるが，電流と考えてよい．交流電流の場合，電流がプラスマイナスに流れる．変圧器の鉄心内部の磁束密度は図で矢印で示したようにヒステリシスカーブ上を変化する．しかし，直流の断続的な電流が流れた場合，図の右半分でしか動作しないことになる．電流が流れると動作点はヒステリシスカーブ上を右上方向に移動する．電流がオフされると左下方向に移動する．このとき，電流がゼロまで戻らないということは動作点は $H = 0$ まで戻らないということである．つまり鉄心内の磁束は残留磁束密度まで下がらない．このような場合，次のパルスがオンして電流が流れると，そこを出発点としてヒステリシスカーブ上をさらに右上方向に進んでゆく．

このことを時間的な変化で説明しよう．図 6.8 に変圧器の 1 次側の電圧，電流と鉄心内の磁束密度の変化を示す．オンにより電流が流れる．電流は変圧器のインダクタンスにより直線状に増加する．電流がオフするとインダクタンスに蓄積されたエネルギーが周囲の回路に放出され，電流が低下する．このとき

第 6 章　電源のアナログ電子回路技術

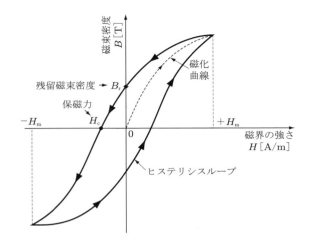

図 6.7　ヒステリシスカーブ

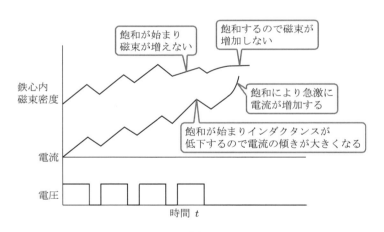

図 6.8　磁束の飽和

電流がゼロになる前に次のオンがあった場合，電流はその値から次の増加を始める．このことは鉄心内磁束密度も残留磁束密度まで下がらずに，その値から増加する．鉄心材料が飽和しない材料なら問題は生じないが，実際の材料ではヒステリシスカーブを描く．ヒステリシスカーブは H の増加とともに徐々に傾きが小さくなる．このことは $B = \mu H$ であるから透磁率 μ が低下することにな

る．つまり $\phi = LI$ であるから傾きが小さくなることはインダクタンスが徐々に低下してゆくことになる．そのため，電流の傾きは大きくなり，同一パルス幅でも電流のピーク値が徐々に増加してゆく．そして鉄心の磁気飽和に至るとインダクタンスはゼロになり，電流はコイル抵抗だけで決まる大きな値となる．これが磁気飽和による過電流である．

鉄心の飽和について市販のパルスを扱うトランスでは簡易的に電圧と時間の積で限界を示している．図 6.9 は変圧器の 1 次側の電圧と電流を示す．電圧を 1 次側に印加すると 1 次側の電流は直線的に増加する．自己インダクタンス L だけを考えると，電流 I は $I = Et/L$ となり，時間とともに直線的に増加する．電圧を印加した時間を T とすると，電流のピーク値は ET/L となる．鉄心が飽和する電流値を I_S とすると，$ET < LI_S$ が鉄心飽和の条件になる (磁束の単位にするためには ET を巻き数で割る必要がある)．この LI_S の値を ET 積の上限とよんで市販のパルストランス等では選定や使用の目安の一つとしている．

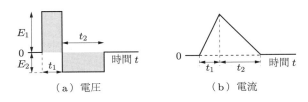

図 6.9　ET 積

鉄心内の磁束をリセットするためにはオフ後，逆方向の電圧を掛け，$E_2 \times t_2$ が $E_1 \times t_1$ と等しくなるようにしなくてはならない．もっとも一般的に行われるのはリセット巻線 N_r を設けることである．リセット巻線とは図 6.10 に示すような逆方向の電圧を発生させる巻線である．オン時に N_1 巻線に I_1 が流れて変圧器にエネルギーが蓄積される．オン時にはダイオードがあるため，リセット巻線には電流は流れない．オフした瞬間にインダクタンスに蓄積されたエネルギーにより逆起電力 V_r が発生する．逆起電力はリセット巻線 N_r にも電流を流し，I_r の方向に電流が流れる．この電流は電源に向けて流れ，電源を充電する．つまり回生電流である．電源の内部にコンデンサがあるとすればコンデンサを充電することになる．したがってリセット巻線によるエネルギーの損失は

第6章 電源のアナログ電子回路技術

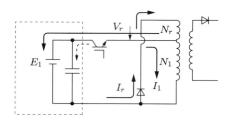

図 6.10 磁束のリセット巻線

ない．このとき
$$E_1 \cdot t_1 = V_r \cdot t_r$$
となるようなリセット時間 t_r を確保しなくてはならない．t_r を短くするためには V_r が高くなるように巻数 N_r を大きくする必要がある．

リセット巻線なしで回路のみで簡単に行うには RCD のスナバ回路と類似の回路を図 6.11 のように用いる．電流がオフした瞬間に，1次巻線に流れている電流はスナバ回路のコンデンサ C に流れ込む．C に電荷が蓄えられることによってサージ電圧が発生しなくなる．また，この回路では1次巻線のインダクタンスとスナバの C が直列共振回路になっているので，C への電荷の蓄積が終了すると，C から巻線のインダクタンスに向かって逆方向の電流が流れる．この逆電流がトランスの残留磁束をリセットする．この方式は磁気リセットを行うとともにサージを防ぐことも同時に可能である．このときも抵抗で消費する電力 V_r^2/R がオン時の伝達電力と等しくなるように抵抗 R および両端の電圧 V_r を決定しなくてはならない．このとき，$E_1 t_1 = V_r t_r$ がリセットの条件である．この方法では変圧器に蓄積されたエネルギーがリセット回路によりすべて熱になって消費され，損失となってしまう．しかし，変圧器に巻線を追加する必要はない．

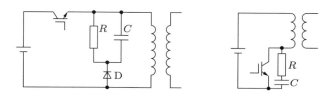

図 6.11 スナバによる磁束のリセット

7 電源の保護とEMC

電源は電圧または電流を負荷に供給する機器である.電源を使用中に電源の能力を超えた電圧,電流が入出力しないように,電圧を抑えたり,電流を遮断したりして電源の破壊を防ぐ必要がある.また,電源の能力を超えなくても,電源が駆動している負荷を破壊しないようにする必要もある.本章では,このような電源の保護について述べる.また,電源は電磁的ノイズで他の機器を妨害することなく,しかも,他の機器から発する電磁的ノイズで誤動作してはいけない.このような電磁的障害 (EMC) についても述べる.最後に入力力率の改善法を述べる.

7.1 電圧と電流の保護

7.1.1 電流の検出

電流を検出するには対象の回路に直列に電流検出用の抵抗を入れ,その両端の電圧から電流を検出する方法と電流の周囲の磁界を検出して電流に換算する方法がある.

(1) 抵抗を用いる方法

測定すべき電流の流れている回路に微小な抵抗を直列接続する.これは抵抗の両端に発生する電圧降下によって電流を知る方法である.このような抵抗をシャント抵抗 (shunt resistor) とよんでいる.

図 7.1 に示すように電流を測定したい回路に直列に抵抗 r_s を挿入する.抵抗の両端の電圧は電流に比例した信号となる.低抵抗であれば出力への影響はほとんどなく,低電圧の信号が得られる.シャント抵抗には温度係数の小さい抵抗を使う必要がある.

小容量電源では,検出された電圧をそのまま制御のための信号として使うことができる.しかし,大容量電源の場合,主回路と制御回路を絶縁する必要が

第 7 章　電源の保護とEMC

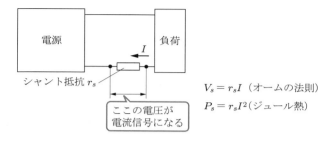

図 7.1　シャント抵抗による電流の検出

ある．そのようなときには検出した電圧信号と制御回路の間に絶縁アンプを用いる必要がある．

この方法は安価であるため低電圧，小容量の電源でよく使われている．測定電流が大きいとシャント抵抗は抵抗値が小さく，かつ電力定格も考慮する必要がある．また制御用に電流を検出し，電流の応答を問題にするような場合（スイッチング波形や高周波電流），インダクタンスの小さい抵抗（無誘導抵抗とよばれる）を使用する必要がある．

(2) 磁界を使用する方法

導体に電流が流れると周囲に磁界ができる．周囲の磁界は導線のまわりに鉄心（コア）を巻けば，鉄心内部に集中する．このような原理を利用した電流センサの原理を図 7.2 に示す．この方式は電磁誘導により発生する起電力を利用する変圧器になっている．検出電流と信号の関係は 2 次巻線の巻数により調節できる．抵抗の両端の電圧は測定電流に比例するので信号として電圧が得られる．このように電流検出のための変圧器は CT (Current Transformer) とよばれる．変圧器の原理を用いているので交流電流のみ検出できる．直流成分が検出できないので ACCT とよばれる．ACCT は容易に絶縁が確保できるメリットがあるが直流分が検出できないのが欠点である．

コアに巻線を巻かずに，コア内部の磁界を直接検出すれば貫通する電流の直流分の磁界も含まれる．ホール素子[*1] を利用してコア内部の直流分も含めた磁界を検出する方式の CT がある．図 7.3 に示したのはその原理である．導体の

[*1] ホール効果を利用した素子．ホール効果とは，半導体に電流を流し，それと直角に磁界を印加すると，電流と磁界に直角に電位差を生じる現象．生じる電位差をホール電圧とよぶ．

7.1 電圧と電流の保護

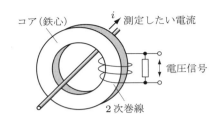

図 7.2 磁界を利用した電流の検出 (センサの原理)

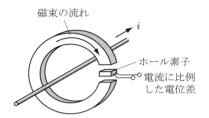

図 7.3 直流電流も検出可能な CT (DCCT)

周囲のコアの一部にギャップを設け，ギャップ内にホール素子を配置する．このときホール素子にはコア内の磁束に応じた電位差が生じる．これは DCCT とよばれる．

DCCT は絶縁型でしかも直流電流も検出できるので，制御用センサとしてよく使われる．市販のホール素子型の DCCT は温度変化やコアのヒステリシス特性の補償などさまざまに工夫され，検出しやすくなっている．

■ 7.1.2 電圧の検出

電源で検出すべき電圧は TTL 回路などの制御回路と比べるとかなり高電圧であることが多い．したがって，電圧の検出はまず分圧が基本である．分圧の原理を図 7.4 に示す．測定電圧を $1/n$ に落としたいときには

$$\frac{r_2}{r_1 + r_2} = \frac{1}{n}$$

となるように r_1, r_2 を選定すればよい．ただし，このように検出した信号は絶

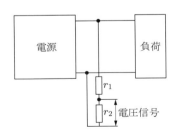

図 7.4 電圧の分圧

第 7 章　電源の保護とEMC

縁する必要がある．信号は絶縁アンプを使用して制御回路に入力する．コンデンサを同様に直列接続し，分圧することも可能である．

また，交流電圧の検出は変圧器の原理で行うことができる．これを PT (Potential Transformer) とよんでいる．PT は変圧器なので信号は絶縁されており，電圧のレベルは巻数比を選ぶことにより広い範囲で選定できる．

7.1.3　電圧の保護

電源は基本的には出力電圧を制御していると考えてよい．そのため，制御が異常にならない限り出力電圧を検出して保護する必要はない．電圧の保護とは，予期しない異常な過電圧から電源および負荷を保護することである．

過電圧は一般に過渡的な短時間の過電圧として現れる．このような瞬間的な過電圧をサージ[*1]とよぶ．ここではサージ電圧に対する保護について述べる．

サージの吸収は原理的にはコンデンサにより可能である．図 7.5 に示すように，電荷の蓄積されていないコンデンサに立ち上がりの急峻な電圧が入力すると，コンデンサを充電するため，電圧はゆっくり上昇し，サージ電圧がゼロになると再び低下する，という現象が生じる．これでコンデンサでサージのエネルギーを吸収することができる．

一般的なサージ電圧に対する保護はサージの吸収ではなく，サージをバイパスさせる．所定の電圧を超えた場合，電流をバイパスさせ，以降の回路が高電圧にならないようにする．サージ電圧の保護はサージ防護デバイス (SPD：Surge Protective Device) によって行う．サージ防護デバイスとはサージ電圧を抑制し，回路を保護するデバイスである．しかも，サージが終了後は，ただちにもとの回路を回復する機能をもつ．避雷器，アレスタ，サージアブソーバともよばれる．サージ防護デバイスはサージ保護用の素子を用いるものと，各種の素子を組み合わせて複合されたものがある．

サージ保護デバイスの使用方法を図 7.6 に示す．小規模のサージ吸収を考え

[*1] 瞬間的な異常高電圧をサージ電圧，異常高電流をサージ電流という．雷によるものは雷サージ，スイッチの開閉によるものは開閉サージなどとよばれる．サージはエネルギーの大きいものを指す．同じように瞬間的な異常高電圧であるが，エネルギーが小さく，不要な信号で外乱を与えるものをノイズとよぶ．

7.1 電圧と電流の保護

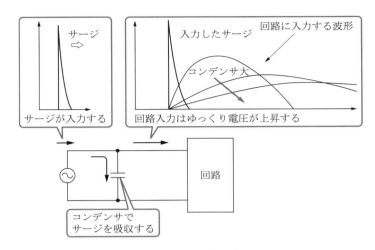

図 7.5 サージの吸収

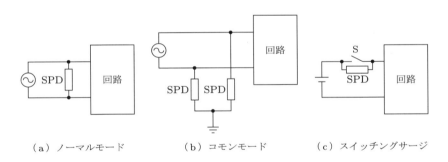

(a) ノーマルモード　　　(b) コモンモード　　　(c) スイッチングサージ

図 7.6 サージ防護デバイスの取り付け

るならば線間（ノーマルモード）に挿入すればよいが，雷サージなどエネルギーの大きいサージを考慮すると一線対地間（コモンモード）に挿入する．サージ保護デバイスにはさまざまなものが使われている．主なものを以下の (1)～(5) に示す．スナバ回路も広い意味でサージ吸収回路である．

(1) ガス入り放電管 (GDT)

ガス入り放電管とは，放電電極間にガスを封入したデバイスである．図 7.7 に示すようにサージの電圧が動作開始電圧に上昇すると電極間で放電する．放電により電極間のインピーダンスが低下し，ほぼ短絡状態となる．したがって，

第 7 章　電源の保護とEMC

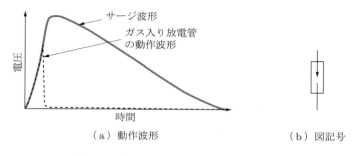

図 7.7　ガス入り放電管の動作波形と図記号

サージ電圧によるサージ電流はガス入り放電管にバイパスし，回路入力電圧がほぼゼロとなる．図 7.7 はガス入り放電管の動作波形と図記号を示す．

(2) バリスタ

バリスタとは，酸化亜鉛セラミクスを利用したデバイスである．バリスタは通常の電圧では高い抵抗をもち，ある電圧以上になると抵抗が小さくなるデバイスである．図 7.8 にバリスタの特性と図記号を示す．バリスタは variable resistor が名称の由来である．バリスタの動作する電圧をバリスタ電圧とよぶ．バリスタはコンデンサと半導体の複合デバイスと考えることができる．バリスタ自身が破壊してしまう電圧が上限である．

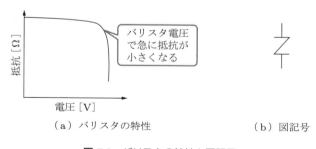

図 7.8　バリスタの特性と図記号

(3) スナバ

コンデンサと抵抗を直列接続した CR スナバ回路もサージ吸収が可能である．そのほかの各種のスナバ回路もスイッチングサージの保護デバイスと考えるこ

7.1 電圧と電流の保護

とができる．スナバは一般にはバリスタよりも応答が速く，急峻なサージを吸収できる．

(4) ツェナーダイオード

ツェナーダイオードはダイオードにかかる逆方向電圧が降伏電圧 (3.1 節参照) を超えると電流が大きくなる逆降伏という現象を利用する．ダイオードの降伏とはアバランシェ（電子雪崩）により急激に電流が流れる現象である．しかし，ツェナーダイオードは，制御された降伏状態になり，ダイオードにかかる電圧がツェナー電圧（逆降伏電圧）に等しくなるように電流が流れる．そのため，定電圧ダイオードともよばれる．ツェナーダイオードは逆降伏電圧が大幅に低いダイオードと考えればよい．図 7.9 にツェナーダイオードの特性と図記号をを示す．

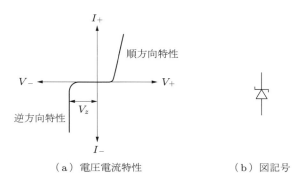

（a）電圧電流特性　　　　（b）図記号

図 7.9　ツェナーダイオードの特性と図記号

(5) 複合型

上記のデバイスを組み合わせた複合装置が避雷器，サージアブソーバなどの名称で市販されている．機能的には，電圧に応じてスイッチングするものと電圧に応じて徐々にインピーダンスが変化するものがある．また，ノイズ防止に特化したものはノイズフィルタとよばれる．

■ 7.1.4　電流の保護

電源回路および負荷の回路に短絡現象が生じると，電源の主回路に過電流が流れる．過電流が流れてもすぐには電源のスイッチングデバイスは破壊しない．

第7章 電源の保護とEMC

スイッチングデバイスに IGBT を使っている場合を例にする．IGBT は過電流でコレクタ電流が増加するとコレクタ・エミッタ間電圧 V_{CE} が増加する．そのためコレクタ電流はある一定値でバランスする性質がある．この状態でどの程度の時間耐えられるかを示したのが短絡耐量である．短絡耐量は時間で示される．この時間以内に短絡状態を解消すれば素子が破壊しないという制約時間である．一般には数μs程度である．電源回路を過電流から保護するためには，これ以下の時間で動作するような高速動作の保護回路が必要である．

電源で発生する短絡現象とその発生原因を表7.1に示す．電源の内部のスイッチングデバイスやその他の部品が破壊してプラスマイナスが導通状態になったとする．図に示す内部短絡とは，たとえばインバータの回路で上側の素子が短絡したとすると，次のスイッチングで下側の素子がオンしてしまう．この瞬間に直流電源が短絡する．また，制御回路や駆動回路が誤動作して上下の素子を同時にオンする信号を発生させてしまうと同様な短絡現象が生じる．電源に接続されている負荷または負荷までの配線が短絡または地絡すると負荷短絡，または地絡が生じる．この3種類の短絡現象では過電流になる位置が異なる場合がある．短絡の場所から原因推定ができる場合もある．

表 7.1 短絡現象

名 称	短絡の状態	発生要因
内部短絡		素子の破壊 誤動作 （制御ノイズ等）
負荷短絡		負荷の 絶縁破壊
地絡		負荷の地絡

7.1 電圧と電流の保護

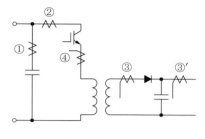

図 7.10 電流の検出位置

過電流が検出可能な位置としては図 7.10 に示すような位置がある．① は平滑コンデンサの充電電流を検出する方法である．② はスイッチング回路に入力する直流電流を検出する方法である．③ は負荷へ供給する電流を検出する方法である．さらに ④ はスイッチングデバイスを流れる電流そのものを検出する方法で，デバイスの数だけ電流センサが必要である．これらについて比較したのが表 7.2 である．どの方法を使っても短絡は検出できるが精度が異なる．当然，電流センサが多いほど精度は高い．保護回路の検出精度が低いと誤検出による電源の停止を招く．無用な停止を防ぐためには検出方法を十分検討する必要がある．

ここで検出電流が交流電流の場合，CT を用いれば絶縁が可能であるが通常のACCT は直流成分が検出できない．そのため ②，④ に CT を用いる場合，直流分も検出できる DCCT が必要となる．また，シャント抵抗による検出も可能

表 7.2 電流検出位置の比較

検出器位置	検出電流	精　度	センサ数	検出可能な内容
① コンデンサ充電電流	AC	低い	1	内部短絡 負荷短絡 地絡
② 直流電流	DC	低い	1	内部短絡 負荷短絡 地絡
③ 出力電流	AC または DC	高い	1	負荷短絡 地絡
④ 素子電流	DC	高い	素子数	内部短絡 負荷短絡 地絡

第7章 電源の保護とEMC

である．このときは絶縁が必要であり，さらに高速信号を検出するためインダクタンスの小さい抵抗素子（無誘導抵抗）を使用する必要がある．なお④の場合，各素子に電流センサを取り付けるのではなく，各素子の $V_{CE(sat)}$ を検出して電流に換算するような方法を用いることもできる．$V_{CE(sat)}$ を検出して，あるレベルまで増加すると過電流と判断する．IPMやドライブICでは駆動回路の内部でこの方法を用いているものもある．

　過電流を検出したとき短時間で電源回路に過電流が流れないように保護する必要がある．しかし，過電流のときにスイッチングデバイスに通常のターンオフの制御をすると，スイッチングデバイスが高速で電流を遮断してしまう．このとき，インダクタンスによりサージ電圧が発生し，スイッチングデバイスを過電圧で破壊してしまう恐れがある．そのため，通常よりもゆっくりターンオフさせる．ゆっくりターンオフさせるにはスイッチングデバイスのドライブ電源出力を遮断する方法がある．ただし，ゆっくりターンオフしているときの電圧電流の動作軌跡はスイッチングデバイス（SOA 安全動作領域：Safety Operation Area）の範囲内に収まるようにしなくてはならない．SOAとは素子の動作軌跡を電圧・電流の平面上で表したときに素子が破壊せずに動作する領域を表したものである．なお，スナバ回路は動作軌跡を理想スイッチの動作に近づける働きをしていると考えてよい．

7.2　冷　却

　電源回路には必ず損失があるため，電源回路は発熱する．電源容量が大きい場合，電源そのもの，または電源回路の各部分を冷却する必要がある．

7.2.1　冷却の目的

　電源を冷却する第一の目的は温度上昇による半導体デバイスの破壊，故障を防ぐためである．現在使われているシリコン半導体はpn接合温度を150℃以下にする必要がある．シリコン半導体はこの温度を超えると破壊してしまう．つまり一瞬でも超えてはいけない温度である．またリアクトルや配線などの絶縁材料にも温度の上限がある．ただし半導体以外の部品は短時間であれば上限

7.2 冷却

温度になってもすぐに破壊することはない.

冷却のもう一つの目的は部品の劣化防止である. 電解コンデンサ, 有機絶縁材料などは 3.5 節 (p. 51 参照) で述べたアレニウスの法則に従って, 使用温度が高いほど寿命が短くなる. そのため, 使用条件によっては部品の冷却が必要な場合がある. 表 7.3 に主な部品, 素子の一般的な温度の上限の例を示す. また, リアクトル, 変圧器などの電気機器の絶縁システムは耐熱クラスが指定されている. 耐熱クラスとは絶縁材料を組み合わせた絶縁システムの推奨最高連続使用温度を示している. 耐熱クラスの分類を表 7.4 に示す.

表 7.3　温度上限の例

部　品	上限温度の例
ダイオード, MOSFET, IGBT など	pn 接合温度が 125°C. ケース温度で推定する.
電解コンデンサ	85°C, 105°C などの規格がある.
リアクトル, トランスなどの巻物	F, H などの耐熱クラスで決める.
一般電子部品	60°C
その他	一般用部品には 0〜40°C のものがあるので要注意である.

表 7.4　耐熱クラス (JIS C 4003:2010 をもとに作成)

指定文字	耐熱クラス [°C]
Y	90
A	105
E	120
B	130
F	155
H	180
N	200
R	220
250	250

備考) かつては 180°C 以上を C 種と総称していた.

7.2.2　冷却法

冷却とは他の物質に伝熱することによりそのものの熱をうばって温度を低下させることである. このとき熱の移動に用いる媒体を冷媒という. 冷媒が空気

第 7 章 電源の保護とEMC

の場合を空冷とよび，水の場合は水冷，油の場合は油冷という．冷却には，熱を移動させるために，熱による冷媒の対流（自然対流）を利用する場合と，強制的に冷媒を循環させる場合がある．冷却による熱の移動は放熱面の面積と冷媒の流量に関係する．空冷の場合，風量および風速が冷却量を決定する．

このことは冷却には形状がもっとも大切であることを示している．すなわち放熱面の面積が大きくなるフィン構造が必要であり，風や液体の流れやすい流路構造が必要である．流路での流体の流れやすさを示す指標に圧力損失（圧損）が使われる．圧力損失が大きいときには流体の流速が落ちるので流量が低下する．したがって冷却能力が低下する．

液体冷媒の場合，絶縁の効果も得られる．一般に冷媒に使われる材料は電気抵抗も大きく，空気よりも絶縁耐力が高い．冷媒を直接充電部に接触させて冷却と絶縁の両方の効果を得ることができる．

比熱が大きいということは冷却能力が高いことを示している．したがって油は冷媒として適しており，さらに絶縁耐力も高い．絶縁と冷却の両方の効果が得られるものの例としては純水（イオンなどの不純物を含まないので絶縁物である）がある．また，フッ素化合物系の冷媒も絶縁および冷却を兼ねることができるが，この種のガスは地球温暖化係数が高いことが多く，近年はあまり使われなくなってきている．

今後，高温で使用できるスイッチングデバイスが開発されれば冷却能力を減らすことができ，装置の小型化が期待できる．シリコンカーバイドSiC，ダイヤモンド系，窒化物系などの次世代半導体が高温動作可能だといわれている．

7.3　寿命と信頼性

一般に半導体などの電子部品の故障率は，図 7.11 に示すようなバスタブカーブに従うといわれている．電源は電子部品を組み合わせた電子機器なので基本的には故障率はバスタブカーブに従うと考えてよい．バスタブカーブでは故障を初期故障，偶発故障，磨耗故障と三つに分けている．ここでは電子部品一般ではなくとくに電源としての故障について述べる．

初期故障は製作後の検査やエージングで取り除くことができる．偶発故障は

7.3 寿命と信頼性

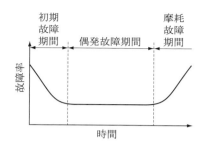

図 7.11　バスタブカーブ

予測不明の故障が突発的に発生するので，あらかじめ故障を考えた保護回路，冗長設計などの設計的な対策が必要である．磨耗故障は有限寿命の部品が原因となる故障である．その場合，対象部品の交換による延命かあるいは電源装置そのものが寿命と考えるかである．

電源機器の初期故障の場合，電源単体の初期故障のほかに負荷との不適合による故障が発生する．初期故障を防ぐためには出荷前にエージングにより電源に電気的，熱的なストレスをかける．エージングでは通常の検査で発見できなかった故障を人為的に発生できる可能性がある．したがって十分なエージングを行えば初期故障は減少するはずである．しかし，実機に電源を接続して運転開始すると突然故障が発生することがある．これは電源の仕様に問題があり，運転条件，負荷条件，環境などが適合しないために起こることが多い．初期故障を防ぐためにはその電源の使用される条件，使われ方を電源の設計者と使用者の間で十分協議して理解しておく必要がある．

偶発故障に対しては使用する部品の MTBF (Mean Time Between Failure 平均故障間隔) などの統計量から保用部品を用意するなどの対策が考えられる．この期間に発生する故障は外部要因や使用条件により発生することが多い．想定外の使用法，配線変更による誤配線などである．小型の電源は修理して再使用することはあまり多くないので，本来は装置としての MTTF（Mean Time To Failure：平均故障時間）を考慮すべきであるといわれる．しかし MTTF は故障してから次の故障までの時間を指すので電源機器にはあまりなじまない．故障率とはある時間あたりの故障件数で表される．通常電子部品では FIT (Failure

第7章 電源の保護とEMC

In Time)が使われる．FITは10億時間(10^9)あたりの故障件数である．

電源の信頼性を高めるためにディレーティング（負荷軽減：derating）という考え方が使われる．ディレーティングとは部品へのストレスを低減すれば寿命が延びるという考え方である．温度，電圧，電流などを部品の限界値より低い領域で意図的に使用する．たとえば，100 A定格の電源を1/3にディレーティングして最大33 Aの電源として使うなどである．ディレーティングにより当然コストや大きさなどの問題は発生する．

電源機器は保守点検なども寿命に影響することがある．空冷の電源の場合，外部の冷却空気を利用する．空気中のちり，埃，塩分などが長い期間かかって内部に堆積する．これらの堆積物は沿面放電の原因となる．さらに堆積物により絶縁抵抗が低下し，常時微弱電流が流れ，発熱する．発熱により絶縁性能が劣化し，抵抗値が低下する．徐々に電流が増加し，あるときに破壊的に電流が流れる．すなわち，電源の内部の清掃状態も寿命と関係する．

応力によるはんだのクラック，残留フラックスによる腐食なども長時間かかって進行する．これらも丁寧な目視点検を行えばある程度は発見できる．これまで電子機器の磨耗故障は一部のコンデンサを除いてあまり考えなかった．しかし近年，このような現象を電子機器の磨耗故障の問題として捉えられるようになってきた．さらにパワー半導体デバイスそのものの劣化についても，電力，鉄道などで実機で実際に長期間使用しているデバイスの劣化データを蓄積している．パワーエレクトロニクス技術の進展とともに，このような技術が今後さらに明らかになってゆくと思われる．

7.4 EMCとノイズ

7.4.1 EMCとは

EMC (Electro-Magnetic Compatibility)とは電磁両立性，または電磁環境両立性とよばれ，電磁波などの電磁気的環境での性能，耐性を指す．両立性というのは電磁気的にどの程度外部に妨害を及ぼすか（電磁妨害EMI：Electro-Magnetic Interference）ということと，電磁妨害を受けたときの感受性がどの程度あるか（電磁感受性EMS：Electro-Magnetic Susceptibility）の二つの指標を含んでい

7.4 EMCとノイズ

るからである．内部で電流をスイッチングしている電源では電磁妨害の発生をゼロにすることは不可能である．また，小信号で高速処理している制御回路がノイズでまったく誤動作しないように製作するということも不可能である．そこでEMCは両者のレベルを統一し，電磁妨害の発生レベルを定めるとともに，そのレベルの電磁妨害では誤動作しないように求める取り決めである．

電源が稼動すると図7.12に示すように外部に電磁気的に影響を及ぼす．電磁的影響を一般にはノイズという．EMCが対象とするノイズは放射性ノイズと伝導性ノイズの二つである．放射性ノイズとは高周波の電磁波のことで，伝導性ノイズとは電源線に流出する高周波の電波をいう．伝導性ノイズは放射性ノイズより低い周波数を対象にしている．一方，EMCが通常対象としないノイズは，ケーブルなどからの漏電電流や電源電流の波形の歪みによる高周波などである．これらはEMCより低い周波数なので個別に取り扱う．これらを表7.5に示す．

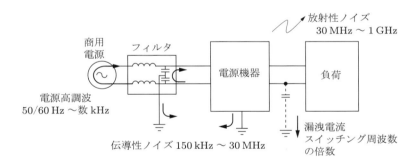

図 7.12 電流の発生するノイズ

表 7.5 電源から外部への電磁気学的影響

名　称	形　状	周波数	対　応
放射性ノイズ	電磁波	30 MHz〜1 GHz	EMC
伝導性ノイズ	高周波電流	150 kHz〜30 MHz	EMC
漏洩電流	高周波電流	スイッチング周波数の倍数	なし
電源高調波	高調波電流（歪み）	電源周波数の40次高調波まで	高調波規制

7.4.2 伝導性ノイズ

　伝導性ノイズは雑音端子電圧という指標により評価される．雑音端子電圧とは電源入力端子においての電源波形に重畳した高周波電圧である．図 7.13 に示すように，正弦波の交流電圧に高周波が重畳している．この高周波成分が伝導性ノイズである．伝導性ノイズは電源線を通して他の機器に入り込み，誤動作，雑音の発生などの原因となる．そのため，雑音端子電圧の値は周波数ごとに許容値が規定されている．

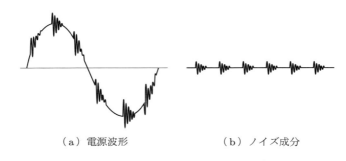

（a）電源波形　　　　　（b）ノイズ成分

図 7.13　雑音端子電圧

　伝導性ノイズは電源線のほかに接地線も経由して伝播する．そこで，伝導性ノイズを図 7.14 に示すようにノーマルモードノイズとコモンモードノイズに分けて考える．ノーマルモードはディファレンシャルモードともよばれ，電源の 2 線を渡って流れるノイズ電流である．一方，電源線のうちの 1 線とアースの間を流れるノイズ電流をコモンモードノイズという．

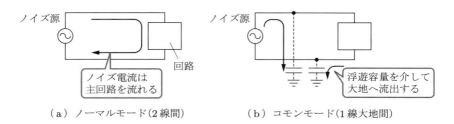

（a）ノーマルモード(2線間)　　（b）コモンモード(1線大地間)

図 7.14　伝導性ノイズ

7.4 EMCとノイズ

　ノーマルモードノイズはノイズ源が主回路電流の経路にあると想定でき，主回路電流と同じ経路でノイズによる電流が流れる．一方，コモンモードノイズは主回路と接地電位の間の浮遊容量などを通して大地または接地線に流れるノイズ電流である．ノーマルモードの高周波電流が流れると絶縁物などの静電容量を通してコモンモードのノイズ電流も発生する．

　ノーマルモードとコモンモードの二つのノイズを対象とするのは，わが国の屋内配電での接地方式が図7.15に示すように電源の一相を接地電位にしているためである．海外でよく見られる中性点接地方式ではコモンモードノイズのみ考えればよい．

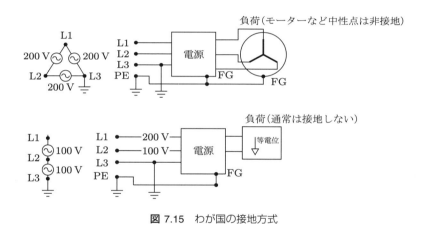

図7.15 わが国の接地方式

　このほか，伝導性ノイズにはパルス性のノイズ，およびサージ性のノイズがある．パルス性のノイズはリレーやモーターなどの開閉により発生する．立ち上がりが速く (1 ns 以下) ピーク電圧は数 kV の場合もある．このようなパルス性ノイズは比較的エネルギーが大きいので，通常のフィルタでは飽和してしまうことがある．またサージ性ノイズは誘導雷により電源ラインに発生する．高電圧，大電流であり，アレスタなどのサージ対策用素子が必要となる．

■ 7.4.3 放射性ノイズ

　パワーデバイスがスイッチングすると図7.16に示すような波形が観測でき

第 7 章　電源の保護とEMC

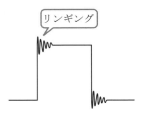

図 7.16　リンギング

る．これをリンギングという．このような高周波のリンギングがスイッチングデバイスの周辺回路のごく小さな値の浮遊インダクタンス，分布キャパシタンスと LC 共振してしまう．共振により大振幅で回路に流出する．またリンギングにより発生したパルス（列）は発生源から進行波となってケーブルを伝播し，そのまま負荷に向かって流れ込む．進行波は負荷端子でインピーダンスが急変するため反射する．反射波は電源で再度反射する．このように反射を繰り返すことにより線路長とパルス間隔が同期した場合，振幅が増幅されてしまう（図 7.17）．

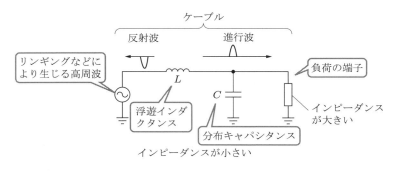

図 7.17　パルスの伝送と反射

電源内部の主回路ではこのような高周波電流が絶えず流れている．電源内部の高周波電流が流れている導体部分がアンテナとなり，周囲に高周波の電磁波を放射する．これは電源のケースを十分に厚みのある導体で構成し，FG によりケースをアースに接続すれば電磁シールドとなって外部に放射しない．しか

7.4 EMCとノイズ

し，空冷の場合の通風孔，配線などがあり通常は気密構造にはならないので外部への電磁波の放射は避けられない．

7.4.4 ノイズ対策

ノイズは発生源から伝播し，侵入先に到達する．ノイズによる障害を防ぐには，ノイズが発生しないこと，ノイズを伝播させないこと，およびノイズを受けにくくすること，いずれかが成り立てばよい．

ノイズの発生源はさまざまである．自然界でも雷，静電気のようなノイズが発生する．自動車の点火プラグのような火花放電からもノイズは発生する．また，ディジタル回路やパワエレ機器のスイッチングによる発生もある．そのためノイズをまったく発生しないようにはできない．発生したノイズが小さくなるようにノイズ源で対策する．

ノイズの伝播経路は伝導性ノイズでは導体である．また，放射性ノイズの伝播経路は空間である．しかし伝導性ノイズが空中に放射される場合もあり，逆に放射性ノイズが電磁気的な結合により伝導性ノイズになる場合もある．すなわちノイズの伝播経路は無数にあり，また互いに関連している．

ノイズ対策の基本は図 7.18 に示すようにノイズを出さない，入れない，である．放射性ノイズにはシールドが有効である．機器を電磁気的に完全に遮蔽できればノイズはシールドを超えて出入りできない．伝導性ノイズにはフィルタにより伝播させないことが効果的である．

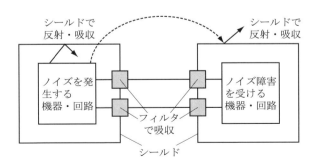

図 7.18 ノイズの対策

第 7 章 電源の保護と EMC

次にフィルタについて述べる．もっとも一般的なノイズフィルタの基本回路を図 7.19 に示す．このフィルタはラインフィルタとよばれ，電源と機器の間に配置し，電源ラインのノイズの侵入を防ぎ，かつ，機器内部で発生したノイズを電源ラインに流さない効果がある．ここで，C_x は AC の電源線の間に接続するコンデンサで，ノーマルモードノイズに効果がある．C_y はコモンモードのノイズをアースに逃がす効果がある．C_y は 2 個直列なので C_x の効果もある．L_1 はコモンモードチョークとよばれる．コモンモードチョークは二つのコイルの結合によりコモンモードノイズを打ち消す効果がある．さらにコンデンサとの組み合わせで，ノーマルモードに対しては図 7.20（a）のようなローパスフィルタ回路と等価になる．コモンモードに対しては図（b）のような等価回路になる．いずれもローパスフィルタとして働く．

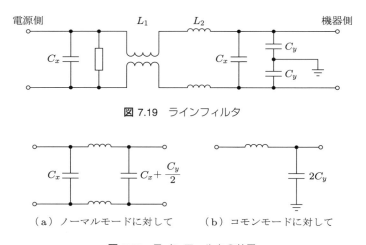

図 7.19　ラインフィルタ

（a）ノーマルモードに対して　　（b）コモンモードに対して

図 7.20　ラインフィルタの効果

7.5　力率改善

電源の入力を商用電源とするとき，入力力率を高くする必要がある．ここでは，力率について説明するとともに，力率改善の方法を述べる．

7.5.1 力率と歪み率

電源はスイッチングを基本とするため,入力,出力とも完全な交流または直流とはならず,波形が乱れている.直流は完全に一定値ではなく,スイッチングによる高周波の変動が必ずある.交流は完全な正弦波ではなく,波形がゆがんでいる.交流の場合,正弦波から外れていることを歪みがある,という.

交流電流に歪みがあると,歪成分は電力量計では検出できない.つまり,歪みは無効電力となる.電力の観点から,交流電流がどの程度歪みを含んでいるかを力率により評価する.

歪波形の評価法を説明する.歪みを含んだ電圧を負荷に印加するとその結果流れる電流も歪波形となる.すなわち電圧・電流とも次のように表されることになる.

$$v(t) = V_0 + \sum_{n=1}^{\infty} \sqrt{2} V_n \sin(n\omega t + \varphi_n)$$

$$i(t) = I_0 + \sum_{n=1}^{\infty} \sqrt{2} I_n \sin(n\omega t + \varphi_n - \theta_n)$$

ここで,V_0,I_0 は直流成分,フーリエ級数で表されているのが交流成分である.フーリエ級数で表された交流成分のうち,$n=1$ を基本波,$n \geq 2$ を高調波とよぶ.基本波は商用電力の場合,50 または 60 Hz である.

このように表すと歪みを含んだ交流の有効電力 P は次のようになる.

$$\begin{aligned} P &= \frac{1}{T} \int_0^T p(t)\, dt = \frac{1}{T} \int_0^T v(t) \cdot i(t)\, dt \\ &= V_0 I_0 + V_1 I_1 \cos \varphi_1 + V_2 I_2 \cos \varphi_2 + \cdots \\ &= V_0 I_0 + \sum_{n=1}^{\infty} V_n I_n \cos \varphi_n \end{aligned}$$

この式の意味するところは歪み波の電力は同じ周波数成分の電圧と電流の間の有効電力の総和になるということである.電圧・電流の双方に含まれる次数の高調波のみが電力に含まれるということである.つまり,いずれかが正弦波であれば高調波は有効電力とならず,基本波のみを電力として考慮すればよいことになる.

また,歪波の皮相電力 S は

$$S = V_{rms} \cdot I_{rms} \quad [\text{V} \cdot \text{A}]$$

となる．ただし，V_{rms} は電圧実効値，I_{rms} は電流実効値である．したがって，歪波の総合力率 PF は，

$$PF = \frac{P}{S} = \frac{P}{V_{rms} \cdot I_{rms}}$$

となる．総合力率 PF とは歪波の高調波を含んだ力率である．一般に交流理論で学ぶ力率は基本波力率とよばれる．基本波力率は電圧の基本波と電流の基本波の位相差であり，次のように表される．

$$\text{基本波力率} = \frac{V_1 I_1 \cos \varphi_1}{V_1 I_1}$$

電源入力または出力が交流の場合，歪みを含んだ総合力率を考慮する必要がある．

また，波形がどの程度高調波を含んでいるかを数値的に表すには歪み率を用いる．歪み率は機器，用途によってさまざまな定義があるので，ここではインバータなどのパワーエレクトロニクス分野で使われる歪み率[*1]について説明する．

総合力率を問題にするような電力系統では，歪み率とは電流に含まれる高調波成分の割合を指している．現在の電力系統での高調波の規格の考え方では，対象とする高調波は 40 次までとしている．ここで用いる総合歪み率 (THD：Total Harmonic Distortion) は次の式で表される．

$$THD = \frac{\sqrt{\sum_{k=2}^{40} I_k^2}}{I_1}$$

この式は基本波電流 (I_1) に対して高調波の RMS 和がどの程度含まれているかを示している．電圧の歪み率も同様に求めることができる．なお，電力系統での規格値は総合歪み率 THD で 5% 以下にしなくてはならない．

7.5.2 力率改善

力率にはこれまで述べたように総合力率と基本波力率がある．商用電源からの交流電力を利用する場合，電源回路の入力での基本波力率はほぼ 1 である．ところが入力電流に高調波があると，総合力率は低くなってしまう．電源容量

[*1] オーディオ分野で機器の音の再現性の指標にも使われている．分野によっては狂率という場合もある．

7.5 力率改善

は皮相電力 [VA] で表されるので総合力率が低いと，入力電流の割に実際に利用できる電力が低下してしまう．それを防ぐには総合力率を改善することが必要となる．

電源入力の総合力率が低いとは，電源入力に整流回路がある場合，図 7.21 に示すように入力電流波形が高調波を含み歪んでいることを示している．図（a）に示すように電源インピーダンス[*1] が小さいとより歪みが大きくなる．図（b）のように電源インピーダンスが大きいと波形の歪みが少ない．そこで電源機器から見た電源インピーダンスが大きくなるように直列にリアクトルを挿入する．これがリアクトルによる入力力率の改善の原理である．

（a）電源インピーダンスが小さい場合　（b）電源インピーダンスが大きい場合

図 7.21　電源入力波形

電源インピーダンスが小さい場合でも，リアクトルを挿入すると波形が改善され図 7.21（b）のようになる．なお，力率改善にリアクトルを用いるとそれによる電圧降下も生じてしまうことに注意を要する．電源の出力電圧を制御していない場合，数 % 程度低下する．

インバータ回路を使った整流回路を PWM コンバータとよんでいる．三相 PWM コンバータの回路を図 7.22 に示す．この回路を使えば交流入力を直流に整流し，かつ交流入力電流を正弦波に制御できる．PWM コンバータはダイオードブリッジの各ダイオードに並列に IGBT が接続される回路になっており，インバータ回路そのものである．この回路は IGBT がなければ通常の三相ブリッジ整流回路である．通常の整流回路の場合，電源電圧が平滑コンデンサの電圧より高い期間だけパルス状の電流が流れる (第 5 章参照)．

[*1] 負荷から見た電源の内部抵抗分．商用周波数の機器では電流を流すと電圧が低下するだけの現象であるが，整流回路の場合，電流の高調波成分へも影響するので電源インピーダンスにより入力波形が変化する (第 8 章参照)．

第7章 電源の保護とEMC

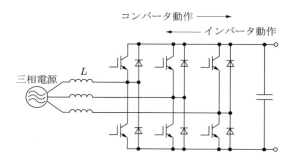

図 7.22　PWM コンバータの回路

PWM コンバータの動作原理を図 7.23 により説明する．図のように S_2 をオンさせると，実線の矢印のように電流が流れる．電流の経路は次のようになる．

$$交流電源 \to L \to S_2 \to D_4 \to 交流電源$$

このときインダクタンスにエネルギーが蓄積される．この経路は昇圧チョッパのオン時の回路である．

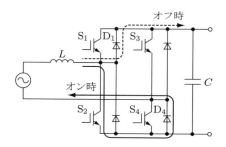

図 7.23　PWM コンバータの動作原理

次に S_2 をオフする．このときインダクタンスに蓄えられたエネルギーは

$$L \to D_1 \to C$$

という経路で放出され，コンデンサ C を充電する．この経路は昇圧チョッパのオフ時の回路である．この回路は整流回路の各アームが第 2 章の図 2.4 (p. 17 参照) に示した昇圧チョッパとして動作している．

この回路は S_2 のオンオフで入力する交流電流を制御する．つまり S_2 のス

7.5 力率改善

イッチングにより入力電流の波形が制御できる．PWM コンバータを用いて入力電流の波形を電圧と同位相の正弦波に制御すれば入力の総合力率を 1 にすることができる．また PWM コンバータはインバータの回路そのものであるので図 7.23 の右から左に向けて直流を交流に電力変換することも可能である．つまり，直流電力を電源の交流電力に変換して供給する回生が可能である．PWM コンバータを使えば交流電力系統と直流電源の間で双方向の電力のやり取りが可能になる．

昇圧チョッパ一つの回路のみで電流波形制御を行う回路を PFC (Power Factor Correction) 回路とよぶ．PFC 整流回路を図 7.24 に示す．一般に，PFC 回路はダイオードブリッジの後段に昇圧チョッパを入れ，そのオンオフで入力電流波形の制御を行う．整流回路の相数にかかわらず昇圧チョッパ回路は 1 組のみである．

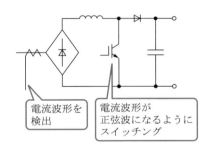

図 7.24　PFC 整流回路

コンデンサ入力型のダイオード整流回路の場合，図 7.25 に示すように電流波形はパルス状になり，しかも負荷が抵抗でない場合，負荷の力率により電圧，電流に位相差 θ をもつ．ところが PFC 回路では正弦波電圧を基準波形としてオンオフ制御するので電流波形は擬似正弦波になり，しかも負荷力率の影響を受けず，$\theta \fallingdotseq 0$ となる．1 石式の PFC 回路は単純ではあるが，スイッチングデバイスのピーク電流が大きくなるため小容量に限られる．さらに PWM コンバータとは異なり，電源への回生は行えない．

電源について考えるとき，電源が駆動する負荷との関係をまず考えるが，ここで述べたような商用電源との関係も忘れずに考慮すべきである．

第 7 章　電源の保護とEMC

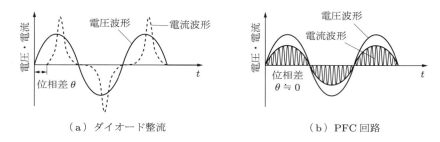

（a）ダイオード整流　　　　　　　　（b）PFC回路

図 7.25　PFC回路の電圧電流

8 電源の制御技術

　電源の出力は安定化させるのが基本である．出力を自由自在に変化させることはあまりない．電源の出力を安定させるためには制御が必要である．制御とは，「ある目的に適合するように対象となっているものに所定の操作を加えること」と定義されている[*1]．電源に操作を加えることとは制御技術を用いて電源の電圧または電流を調節して電源の出力を制御することである．

　本章では電源に使われる制御技術について述べる．制御技術はブロック線図により表現される．まず，ブロック線図の基本について述べ，ブロック線図を用いて制御の基本について説明する．電源が安定しているということは電源の出力が時間的に変動しないということを示す．そこで，やや難しくなるが，制御系の安定性についても述べる．

8.1　電源の制御とは

　電源は安定した出力を出すことが要求される．電源の制御とはどのようなことをするのかを図8.1で説明する．ここでは定電圧を出力する電源を考える．電源のスイッチをオンして電源を動作させると，設定した電圧が出力する．このとき負荷がつながれていないとする．つまり，電源の出力電流はゼロで，設定電圧のみ出力している．このあとに負荷が接続され，急激に電流が流れたとする．負荷電流の立ち上がりにより電源の出力電圧は一瞬低下する．しかし，電源は制御によってすばやく設定電圧に戻そうとする．このときの電圧変動の大きさ，および，設定電圧に戻る時間の速さが電源の制御の性能である．

　さらに負荷電流が急激に変化したときにも同じように電圧が変動する．このときも変動が小さく，設定電圧に素早く戻る特性が要求される．また，負荷電流が安定していても細かい時間で微小な電圧変化がつねにある．このような細か

[*1] JIS Z 8116

第8章 電源の制御技術

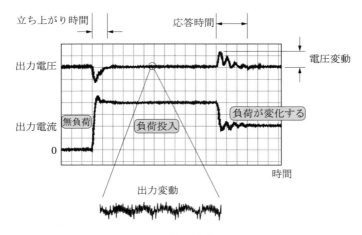

図 8.1 電源の制御とは

い変動を出力変動（リプル）という．リプルが小さいことも電源には要求される．

負荷電流の変化に対しての電圧の定常的な変化の度合いは一般の電源に対しては電源インピーダンスとして表される．電源インピーダンスとは図 8.2 に示すように電源の内部抵抗（インピーダンス）を仮定して，電流に対する電圧の変化をインピーダンス [Ω] として数値的に表したものである．電源インピーダンス Z_s は出力電流が I のときの出力電圧 V が無負荷のときの電圧 E よりも低いことから，

$$Z_s = \frac{E - V}{I} \tag{8.1}$$

と表したものである．直流の場合，内部抵抗とよばれる．交流の場合，周波数

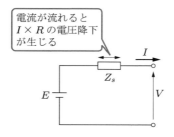

図 8.2 電源インピーダンス

8.1 電源の制御とは

によって電圧の低下の度合いは異なるので，周波数に関係するインピーダンスとして表す．電源インピーダンス（内部インピーダンス）が小さくなるように制御すれば，出力の安定した電源になるのである．

電源を制御するためには制御指令が必要である．制御指令とは電源がどのような形態の電力を出力すべきであるかの指令である．図 8.3 に電源の基本的な制御システムを示す．電源には電力が入力し，その形態を変換し，電力を出力する．したがって，電源は 2 入力 1 出力のシステムである．

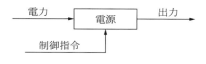

図 8.3 電源システム

電源は必ず他の機器と連動して使われる．電源のみが単独で使われることはまったくありえない．電源の負荷には電子機器，電気回路のほか，モーターや照明具などエネルギー変換機器が用いられる．エネルギー変換機器は多くの場合，機械などのシステムに組み込まれている．また，電源に入力するエネルギー源もエネルギー変換された電力の場合がある．したがって，電源の制御というのは電源単独の制御ではなく図 8.4 に示すような電源システムとして考えるべきである．ここではエネルギー源が電源に入力し，機械に組み込まれてい

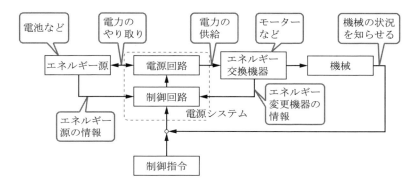

図 8.4 実際の電源システム

第 8 章 電源の制御技術

るエネルギー変換機器を駆動するシステムを示している．

電源への制御指令は直接には電力の形態（電圧，電流など）であるが，入力するエネルギー源の電力の状況や機械およびエネルギー変換機器などの負荷の状況に応じた電力が電源の制御指令となる．電源に入力する電力は商用電源のように安定している場合もあるが，太陽電池などのように常時変動している場合もある．したがって，入出力の状況を考慮して電力を制御する必要がある．たとえば電源でモーターを駆動する場合，入力電力や最終的な負荷である機械の情報だけでなく，モーターの回転状況に応じて電力を供給する必要もある．すなわち，電源システムとは入力のエネルギー源，電源で駆動する負荷および最終的な負荷の制御も含めた総合システムなのである．

COLUMN ▶ 電源インピーダンスの測定

電源インピーダンスとは電流が流れたときに電圧がどの程度下がるか，という一つの指標です．電源インピーダンスの測定のもっとも簡単な例は図に示す電池の内部抵抗の測定でしょう．コラム図 8.1（a）のような回路で負荷抵抗 R_L を変化させて電流を変化させます．ある電流 I_1 を流したときの端子電圧を V_1 とします．それより大きな電流 I_2 を流したときの端子電圧を V_2 とします．このとき，内部抵抗 R_X は図（b）の直線の傾きになります．つまり，次のように内部抵抗を求めることができます．

$$R_X = \frac{V_2 - V_1}{I_2 - I_1} = \frac{\Delta V}{\Delta I}$$

抵抗ではなく交流のインピーダンスを測定する場合，もう少し複雑になります．コラム図 8.2 に示すように測定したい周波数の発信器 f を使います．f に直列に入っ

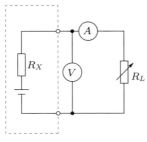
（a）電池の内部抵抗の測定回路

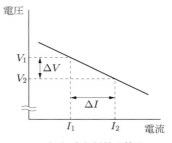
（b）内部抵抗の算出

コラム図 8.1 内部抵抗の測定

ている抵抗 R_S は発信器に流れ込む電流を制限するための制限抵抗です．このようにして交流の電圧 V_{AC} と交流電流 I_{AC} を測定します．このとき，特定の周波数 f の交流成分だけ測定できる計測器が必要です．この周波数におけるインピーダンス Z_X は

$$Z_X = \frac{V_{AC}}{I_{AC}}$$

と得られます．V_{AC} と I_{AC} の波形をシンクロスコープで観察すれば位相差もわかります．周波数 f を変化させればインピーダンス特性を求めることができます．

　直流分をカットするのにコンデンサを使うと簡単にカットできるのですが，交流の位相が変わってしまうので，実際はなかなか難しい測定なのです．

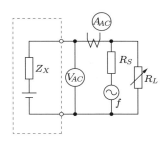

コラム図 8.2 内部インピーダンスの測定

8.2 制御とブロック線図

　制御について考える場合，ブロック線図による表現を用いる．制御とは対象に操作を加え調節することである．したがって，行った操作と調節した結果との関係（因果関係）をはっきりさせる必要がある．原因と結果の関係を系とよぶ．原因は系への入力であり，結果は系の出力である．制御系というときには原因と結果の関係が明らかになっていることを示している．

　ブロック線図の基本を図 8.5 に示す．この図は入力として x が与えられたときのブロックの出力が y であることを示している．入力された信号はブロックの操作を受けて出力される．この場合，ブロック内に A と書いてあるのはブロックでは入力信号を A 倍するという操作を行うことを示している．

第8章 電源の制御技術

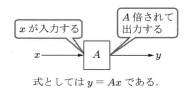

式としては $y = Ax$ である.

図 8.5 ブロック線図の基本

　この関係を数式で書くと，$y = A \cdot x$ となる．数式は x と y の値の関係を表している．しかし数式では因果関係は不明である．ブロック線図で表すと入力と出力，すなわち原因と結果を明確に分離して表すことができる．この場合，ブロックでは A 倍する操作を行っている．入力を操作することを入力と出力の関係で表し，伝達関数とよぶ．伝達関数はブロックで行う操作を示し，ブロックの中に書き込むことになっている．

　ブロック線図の基本の決まりと変換の例を表 8.1 に示す．ブロック線図を用いると信号と演算の流れを表すことが可能となる．ブロック線図のもう一つの決まりは，伝達関数をラプラス変換で表すことである．ラプラス変換 $R(s)$ は時間の関数 $r(t)$ をラプラス変換していることを示している．ラプラス変換を用いるので微積分はすべてラプラス演算子の s の乗除で表されることになる．ただし，電源やパワーエレクトロニクスの制御を示す場合，必ずしもラプラス変換で表してない場合もあるので注意を要する（本書もそうなっている）．

8.3　フィードバック制御と安定性

　フィードバック制御とは操作した結果の出力をもとに，次の操作を調節する制御である．そのために出力信号を入力側に戻すが，これをフィードバックとよぶ．図 8.6 にはフィードバックをブロック線図で表している．図において，入力信号 $R(s)$ は伝達関数 $G(s)$ により $G(s)R(s)$ となり，それが出力信号 $C(s)$ となる．出力信号 $C(s)$ は入力側へ戻される（フィードバック）．フィードバック点では，

$$E(s) = R(s) - C(s)$$

8.3 フィードバック制御と安定性

表 8.1 ブロック線図の各種の決まり

	ブロック演算	数式表現	図
基本の決まり	信号の加算	$z = x + y$	
	信号の減算	$z = x - y$	
	信号の分岐	いずれも x であり，$x/3$ にはならない．	
ブロックの等価変換	ブロックの交換	$y = ABx = BAx$	
	ブロックの直列接続	$z = By$, $y = Ax$ $z = ABx$	
	ブロックの並列接続	$y = (A \pm B)x$	
	加算点の移動		
	分岐の移動		
	信号の向きの反転	一時的に信号の向きを反転することができる．ただし，原因と結果が反転してしまうため，最終的には必ず元に戻す必要がある．	
	フィードバック変換	フィードバック結合は一つの伝達関数として表される．	$\dfrac{G}{1+GH}$

第 8 章 電源の制御技術

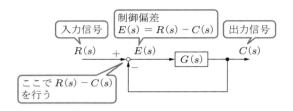

図 8.6 フィードバック制御のブロック線図

という演算が行われる．$E(s)$ は制御偏差とよばれる．出力信号 $C(s)$ が入力信号 $R(s)$ と等しくなると $E(s)$ はゼロとなり，$G(s)$ への入力もゼロとなる．

フィードバック制御は電源の制御では負荷やエネルギー源に変動があったときにも出力を安定化させることに利用する．そのような変動を制御系に対する外乱とよぶ．外乱も含めた一般的なフィードバック制御系をブロック線図に表現すると図 8.7 のようになる．この系では入力 $R(s)$ を目標値，出力 $C(s)$ を制御量としている．また各部の伝達関数は，

$G(s)$：前向き伝達関数
$H(s)$：フィードバック伝達関数
$L(s)$：外乱の伝達関数

とよぶ．また，$G(s) \cdot H(s)$ の積を一巡伝達関数とよぶ．この系には入力として

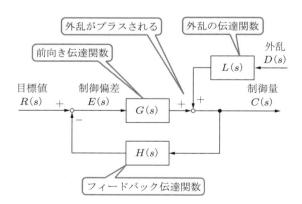

図 8.7 フィードバック制御系の一般化した表現

8.3 フィードバック制御と安定性

目標値 $R(s)$ と外乱 $D(s)$ の二つがある．また，出力は制御量 $C(s)$ であり，2入力1出力の系になっていることがわかる．

では，このフィードバック制御の一般形のブロック線図の意味するところを考えてみよう．まず外乱 $D(s)$，目標値 $R(s)$ の二つの入力から出力である制御量 $C(s)$ までの伝達関数を求めてみる．これはブロック線図の等価変換を行うことにより求めることができる．その結果，図 8.8 のように変形できる．図より

$$C(s) = \frac{R(s)G(s)}{1+G(s)H(s)} + \frac{D(s)L(s)}{1+G(s)H(s)} \tag{8.4}$$

が得られる．

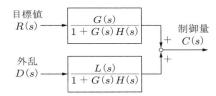

図 8.8 目標値 $R(s)$ および外乱 $D(s)$ から出力までの伝達関数

次に二つの入力 $R(s)$，$D(s)$ が制御偏差 $E(s)$ に与える影響を同じように求めてみる．このような場合，図 8.9 に示すように制御偏差 $E(s)$ を出力として取り出し，制御量 $C(s)$ は出力とせず直接 $H(s)$ に入力させるように変形する．これをさらに変換すると図 8.10 のようになる．その結果より制御偏差 $E(s)$ は次のように表すことができる．

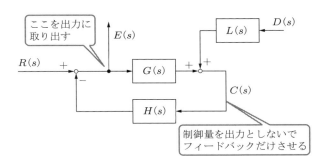

図 8.9 ブロック線図の変形

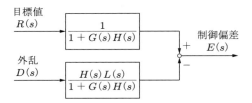

図 8.10 目標値 $R(s)$, 外乱 $D(s)$ から制御偏差 $E(s)$ までの伝達関数

$$E(s) = \frac{R(s)}{1+G(s)H(s)} - \frac{D(s)H(s)L(s)}{1+G(s)H(s)} \tag{8.5}$$

式 (8.4), (8.5) の伝達関数はすべて分母が $1+G(s)H(s)$ となっている. この $1+G(s)H(s)$ は制御において重要な指標である. この指標をゼロとおいた式を特性方程式とよぶ.

$$1+G(s)H(s) = 0$$

特性方程式とよぶのは, この方程式を解析することにより制御系のいろいろな特性がわかるからである.

制御系の特性では, まず, 制御系の応答に着目する. 応答とはある入力信号に対するその系の出力である. 目標値が入力したときの制御系の出力が応答である. フィードバック制御系への入力は目標値だけではなく, 外乱も入力であるので, 外乱に対する応答も考える必要がある.

制御系の特性を求める場合, 入力としてステップ信号を用いることが多い. ここではステップ信号が目標値として制御系に入力したときの制御系の応答を考えてみよう. このときの制御系の応答は図 8.11 に示す以下の 3 種類と考えることができる.

(a) 安定な応答

このような応答の場合, 目標値はステップ信号であり, 瞬時に変化するが, 応答は時間とともにゆっくり変化し, 徐々に目標値に近づく. ここで, 十分時間が経過したあとの定常状態における目標値 $r(t)$ と応答の差が定常偏差 $e(\infty)$ である.

(b) 振動安定な応答

このような応答の場合，目標値 $r(t)$ にはすぐ近づくが，行き過ぎて，また戻り，という振動を繰り返しながらやがて目標値に近づいて一定値になる．

(c) 不安定な応答

このような応答の場合，瞬間的には目標値を横切るが，一定値に落ち着かないで発散してしまう．

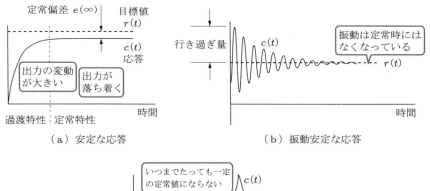

図 8.11　応　答

以上のような応答において制御量が一定値に落ち着くまでを過渡特性とよび，落ち着いてからを定常特性という．

電源の理想的な制御に要求されるのは過渡的にはすばやく目標の値に近づき，かつ，定常的には定常偏差が小さい，ということである．ところがつねにすべての要求を満たすことは難しい．ここでは制御系の応答が実際にどういうことに影響するかを説明しよう．

ステップ信号を入力とすることは電源の出力電圧を瞬時に立ち上げることと

第8章 電源の制御技術

考えてみよう．入力信号がステップ状に変化したときの出力電圧の時間的な変化がこの場合の応答である．図8.11（a）であれば出力電圧はゆっくりと目標の値に近づいてゆく．ところが定常偏差があり目標値に達しない．目標電圧を出せないのである．出力電圧が図（b）のような応答をすると，目標の電圧に近づくのは早いが，目標電圧を行き過ぎて戻り，目標値付近で電圧はがくがくと振動する．やがて定常偏差がなく，ぴたっと目標値が出力する．図（c）では出力電圧は上下を繰り返して目標値に留まることはなく，安定した出力は得られない．

耐電圧はどうだろうか．図（a）では目標の電圧以下なので問題はない．図（b）では行き過ぎ量が電源や負荷の耐電圧を超えてしまう可能性がある．行き過ぎ量が許容範囲に収まる必要がある．またノイズや騒音などの面からは，電圧，電流の振動が少ないことが過渡特性に要求される．このような応答を考えて電源を制御する必要がある．しかし，振動は他の手段で減衰させることもできるので，途中で振動を繰り返していてもいかに早く，正確に（許容範囲内の定常偏差で）目標の値に到達するかを問題にする場合もある．用途によって制御は異なるのである．

このように，電源を制御するということは電源が駆動する対象のすべてに望ましい応答が得られるように制御することである．電源の制御系を設計する場合，負荷も含めたシステム全体を制御対象として，何をすべきかを明らかにする必要がある．

8.4 周波数応答とボード線図

8.4.1 周波数応答

前節ではステップ信号を入力したときの制御系の応答を説明した．それ以外にも実際の制御系ではさまざまな入力信号がある．すべての信号は周波数の異なる正弦波の合成で表すことができる（フーリエ級数展開）．そこで制御系の評価を正弦波で行う．これを周波数応答という．

いま，図8.12に示すように系に正弦波 $x_i(t) = X_I \sin \omega t$ を入力する．$x_i(t)$ が入力してから十分時間がたったときの出力 $x_o(t)$ は次のような正弦波である．

(1) $x_i(t)$ と同一の角周波数 ω である．

8.4 周波数応答とボード線図

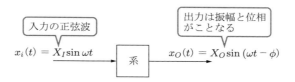

図 8.12 周波数応答

(2) 振幅は X_O/X_I だけ変化している．
(3) $x_i(t)$ に対して位相差 ϕ がある．

ここで，(1) は系が線形であることを示している．(2), (3) は系が線形でも系の性質に従って出力信号が変化することを意味している．

このとき，入力と出力の関係は振幅比 X_O/X_I と位相差 ϕ だけで表すことができる．これを長さが X_O/X_I で方向が ϕ のベクトルと考えよう．このベクトルを複素平面上に描くと図 8.13 のようになる．このベクトルを式で表すと次のように表すことができる．

$$\begin{aligned}\boldsymbol{F} &= \frac{X_O}{X_I}\cos\phi + j\frac{X_O}{X_I}\sin\phi \\ &= \frac{X_O}{X_I}e^{j\phi}\end{aligned}$$

このベクトル $\boldsymbol{F}$ を周波数応答とよぶ．

ここで，系の性質の変化は ω ごとに変化すると考える．そのとき，周波数応答は ω によって変化するので $F(j\omega)$ と表すことにする．すると，周波数応答は

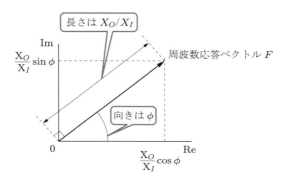

図 8.13 周波数応答ベクトル

第 8 章　電源の制御技術

ラプラス変換で表された伝達関数の s を $j\omega$ に置き換えた形になる．

一般には入力信号が 1 のときの出力信号 $F(j\omega)$ を周波数応答とよぶ．

周波数応答ベクトルの大きさは $|F(j\omega)| = \sqrt{(\text{Re})^2 + (\text{Im})^2}$ であり，周波数応答ベクトルの向きは $\angle F(j\omega) = \tan^{-1}(\text{Im}/\text{Re}) = $（出力の位相角）$-$（入力の位相角）である．

周波数応答ベクトルの特性は $F(j\omega)$ の ω を 0 から ∞ までに変化させたときの様子を見れば全体がわかる．その表現方法としてベクトル軌跡を用いる．

ω の値を $\omega_1, \omega_2, \omega_3 \ldots$ と変化させるとそれに対して $F(j\omega_1), F(j\omega_2), F(j\omega_3) \ldots$ が描ける．これらのベクトルの先端を結ぶことによって得られる曲線をベクトル軌跡とよぶ．ベクトル軌跡を図 8.14 に示す．なお，通常はベクトル軌跡には ω を 0 から ∞ に増加させる方向に矢印をつける．ベクトル軌跡が描かれた複素平面の図をナイキスト線図とよぶ．

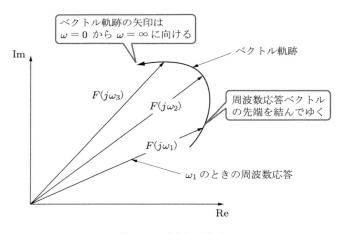

図 8.14　ベクトル軌跡

ここで，いくつかの制御要素の応答とそのベクトル軌跡を示してみよう．

(1) 1 次遅れ要素

1 次遅れ要素は伝達関数では $G(s) = k/(1 + Ts)$ と表される系である．1 次遅れ要素のブロック線図を図 8.15（a）に示す．また 1 次遅れ要素の応答を図 8.15（b）に示す．ステップ信号に対し，時定数 T をもって応答する特性で

8.4 周波数応答とボード線図

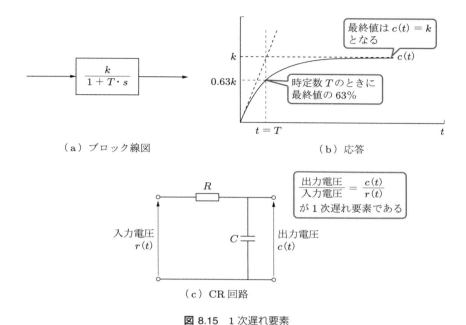

図 8.15　1 次遅れ要素

ある．1 次遅れ要素の実際の例を図 8.15（c）に示す．CR 回路において入力電圧 V_{in} を $r(t)$ としたとき，出力電圧 V_{out} を $c(t)$ として，その関係を伝達関数にしたものが 1 次遅れ要素である．

$v_o/v_i = 1/(1+j\omega CR)$ をラプラス変換を使って表すには $j\omega$ を s に置き換えればよい．従って，次のようになる．

$$G(s) = \frac{1}{1+sCR}$$

1 次遅れ要素の周波数応答は

$$F(j\omega) = \frac{k}{1+j\omega T}$$

となるので，周波数応答ベクトルは次のように表される．

$$|F(j\omega)| = \frac{k}{\sqrt{1+(\omega T)^2}}$$
$$\angle F(j\omega) = -\tan^{-1}\omega T$$

これを ω を 0 から ∞ に変化させると図 8.16 のようになる．ベクトル軌跡は

第 8 章 電源の制御技術

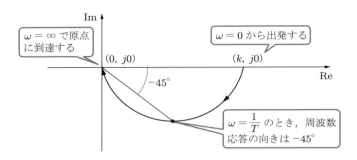

図 8.16 1 次遅れ要素のベクトル軌跡

$(k, j0)$ から $(0, j0)$ に向かう半円である．また，$\omega = 1/T$ のとき $\phi = -\pi/4$ である．

1 次遅れ要素は角周波数 ω が高くなると周波数応答ベクトルの長さが短くなる．つまり，周波数が高くなるほど信号が減衰してゆく．ローパスフィルタの特性を示している．また，位相はつねに遅れるが，ベクトル軌跡は第 4 象限にあるので，遅れを表す位相角はつねに $\pi/2$ より小さい．

(2) むだ時間要素

むだ時間要素とは，図 8.17（a）に示すような L 秒間の遅れを発生する要素である．つまり，図 8.17（b）に示すように入力信号 $r(t)$ に対し，出力信号が $c(t) = r(t - L)$ となる要素である．

むだ時間要素の伝達関数は $G(s) = e^{-sL}$ と表されるので，周波数応答は

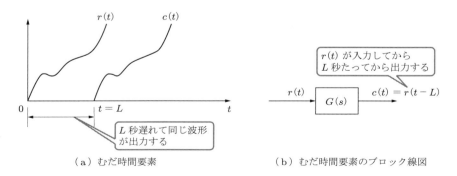

（a）むだ時間要素　　　　　　　　　（b）むだ時間要素のブロック線図

図 8.17 むだ時間要素

8.4 周波数応答とボード線図

$$F(j\omega) = e^{-j\omega L}$$
$$= \cos\omega L - j\sin\omega L$$

となる．周波数応答ベクトルの長さと位相は次のようになる．

$$|F(j\omega)| = 1$$
$$\angle F(j\omega) = -\omega L$$

むだ時間要素のベクトル軌跡は図 8.18 に示すように半径が 1 の円になる．

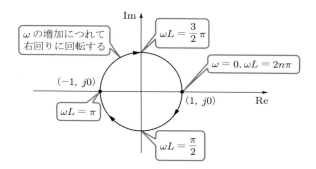

図 8.18　むだ時間要素のベクトル軌跡

このように，ベクトル軌跡は周波数応答ベクトルを複素平面上に表し，ω が変化したときのベクトルの先端の軌跡を表している．ベクトル軌跡は多くの情報を一つの線図で表すことができるので直感的に理解しやすい．

8.4.2　ボード線図

周波数応答のベクトル軌跡は直感的にはわかりやすいが，数値的には読み取りにくい．数値が読み取りやすいボード線図について説明する．ボード線図は周波数応答ベクトルの大きさと向きをそれぞれ別々に表す．

ボード線図とは周波数応答 $F(j\omega)$ の大きさ $|F(j\omega)|$ と位相 $\angle F(j\omega)$ を横軸を角周波数 ω [rad/s] として，それぞれ別個に描いたものである．大きさ $|F(j\omega)|$ の曲線をゲイン曲線 g，位相 $\angle F(j\omega)$ の曲線を位相曲線 ϕ という．ボード線図は図 8.19 に示すようにゲイン曲線と位相曲線の 2 本の曲線で成り立っている．二つの曲線の横軸をあわせて上下に示すとわかりやすい．

第 8 章 電源の制御技術

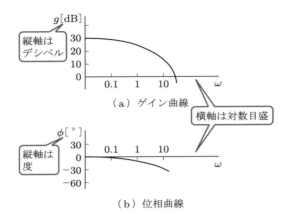

図 8.19 ボード線図

通常,ゲイン曲線の縦軸はデシベル (dB) で表す.
$$g = 20 \log_{10} |F(j\omega)| \quad [\text{dB}]$$
また位相曲線の縦軸は角度 [°] で表示する.

それでは,いくつかの要素のボード線図を示してみよう.

(1) 比例要素

比例要素の伝達関数は $G(s) = k$ で表される.入力信号を k 倍して出力する要素である.周波数応答は次のように表される.
$$F(j\omega) = k$$
ゲインは,
$$g = 20 \log_{10} |F(j\omega)| = 20 \log_{10} k \quad [\text{dB}]$$
となる.位相は,
$$\phi = \angle F(j\omega) = \tan^{-1} \frac{0}{k} = 0 \quad [°]$$
となる.ゲインも位相も ω にかかわらず一定である.したがってボード線図は図 8.20 に示すような直線になる.

(2) 1 次遅れ要素

1 次遅れ要素の伝達関数は
$$G(s) = \frac{k}{1 + Ts}$$

8.4 周波数応答とボード線図

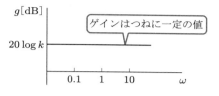

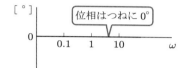

図 8.20 比例要素のボード線図

であった．周波数応答は $s \to j\omega$ と置き換えて，

$$F(j\omega) = \frac{k}{1+j\omega T}$$

となる．いま $k = 1$ の場合を考える．ゲインは，

$$g = 20\log_{10}\left(\frac{1}{\sqrt{1+\omega^2 T^2}}\right) = -20\log_{10}\sqrt{1+\omega^2 T^2} \quad [\text{dB}] \tag{8.16}$$

となる．この式は $\omega T \ll 1$ のとき，

$$g \approx -20\log\sqrt{1} = 0$$

$\omega T \gg 1$ のとき，

$$g \approx -20\log\sqrt{\omega^2 T^2} = -20\log T - 20\log \omega$$

のように近似できる．したがって，ボード線図は次のように二つの直線の組み合わせで折れ線近似することができる．

1 次遅れ要素のゲイン曲線は正確に計算すると図 8.21 の点線のようになる．折れ線近似した場合の最大誤差は $\omega = 1/T$ のときに 3.01 dB である．

1 次遅れ要素の位相曲線は，

$$\phi = \angle F(j\omega) = -\tan^{-1}\omega T \quad [°]$$

となる．この曲線を近似する折れ線は次のようになる．

第 8 章　電源の制御技術

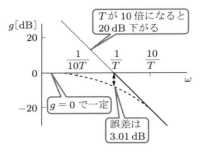

図 8.21　1 次遅れ要素のゲイン曲線

$\omega \ll \dfrac{1}{5T}$ で $0°$

$\omega \gg \dfrac{5}{T}$ で $-90°$

$\dfrac{1}{5T} < \omega < \dfrac{5}{T}$ では $0°$ と $-90°$ を結ぶ直線である．

　1 次遅れ要素の位相曲線を正確に計算したものを図 8.22 の点線で示す．折れ線近似をした場合の最大誤差は $\omega = 5/T$，$\omega = 1/5T$ のときに $11.3°$ である．ボード線図から 1 次遅れ要素は角周波数が低いときはゲインはゼロであり，周波数が高くなるとゲインが小さくなってゆくことがわかる．また位相は ω の増加とともに遅れてゆくが $90°$ より遅れることはないこともわかる．

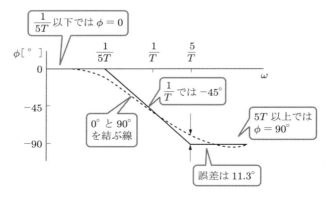

図 8.22　1 次遅れ要素の位相曲線

(3) むだ時間要素

むだ時間要素の伝達関数は

$$F(s) = e^{-sL}$$

なので，周波数応答は，

$$F(j\omega) = e^{-j\omega L}$$

となる．ゲインは，

$$g = 0 \quad \text{dB}$$

位相は

$$\phi = -\omega L \times \frac{180}{\pi} \quad [°]$$

である．$L=1$ とすると，ボード線図は図 8.23 のようになる．

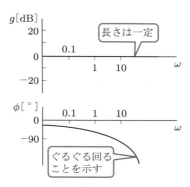

図 8.23　むだ時間要素のボード線図

むだ時間要素を通ると信号の大きさは変化しないが位相は ω に比例して遅れてゆく．

(4) 複雑な系のボード線図

伝達関数が $F(s) = F_1(s) \times F_2(s) \times \cdots$ のようにいくつかの伝達関数の積で表される場合，ボード線図を用いると簡単に周波数応答を表すことができる．

ゲイン曲線は

$$g = 20\log|F_1(j\omega)| + 20\log|F_2(j\omega)| + \cdots$$

第 8 章 電源の制御技術

となり，それぞれの伝達関数のゲイン特性曲線の和になる．位相特性曲線は

$$\phi = \angle F_1(j\omega) + \angle F_2(j\omega) + \cdots$$

となり，それぞれの位相特性曲線の和になる．

たとえば伝達関数が図 8.24 に示すような

$$F(s) = \frac{\sqrt{10}(1+10s)}{1+2s}$$

のときを例としてボード線図を描いてみよう．

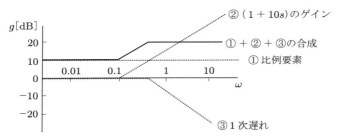

(a) 複雑な系のゲイン曲線

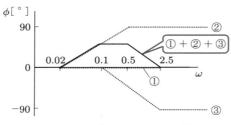

(b) 複雑な系の位相曲線

図 8.24 複雑な系のボード線図の近似

まず，この伝達関数は三つの伝達関数の積であると考える．

$$F(s) = \underset{①}{\sqrt{10}} \times \underset{②}{(1+10s)} \times \underset{③}{\frac{1}{1+2s}}$$

ここで $s \to j\omega$ とすれば

$$F(j\omega) = \sqrt{10} \times (1+j10\omega) \times \frac{1}{1+j2\omega}$$

8.4 周波数応答とボード線図

となり，ゲイン特性は ① 〜 ③ までそれぞれを分けて考える．

① $g_1 = 20\log|F_1(j\omega)| = 20\log_{10} 10^{\frac{1}{2}} = 10$

② $g_2 = 20\log|F_2(j\omega)| = 20\log\sqrt{1+(10\omega)^2}$

  $10\omega \ll 1$　すなわち　$\omega \ll 0.1$　では

  　　$g \approx 20\log 0 = 0$

  $10\omega \gg 1$　すなわち　$\omega \gg 0.1$　では

  　　$g = 20\log 10 + 20\log\omega$

③ $g_3 = 20\log|F_3(j\omega)| = 20\log(-1/\sqrt{1+(2\omega)^2}) = -20\log\sqrt{1+(2\omega)^2}$

  $2\omega \ll 1$　すなわち　$\omega \ll 0.5$　では

  　　$g = 0$

  $2\omega \gg 1$　すなわち　$\omega \gg 0.5$　では

  　　$g = -20\log\omega$

したがって ① + ② + ③ を図上で行うと図 8.24（a）のように直線近似できる．
位相特性も同様にそれぞれの伝達関数に分けて考える．

① $\phi_1 = 0°$

② ϕ_2 は直線近似すると，

  $\omega < \dfrac{1}{5T} = 0.02$　では $0°$

  $\omega > \dfrac{5}{T} = 0.5$　では $90°$ となる．

③ ϕ_3 も同様に直線近似すると，

  $\omega < \dfrac{1}{5T} = 0.1$　では $0°$

  $\omega > \dfrac{5}{T} = 2.5$　では $90°$ となる．

したがって，図上で ① + ② + ③ を行うと図 8.24（b）のように直線近似できる．直線近似の折れ点での誤差はゲイン特性曲線で 3.1 dB，位相特性曲線で 11.03° なので，折れ点の値を使って滑らかに線でつないで作図することも可能である．

第 8 章 電源の制御技術

> **── COLUMN ▶▶ 直流電源の周波数特性 ──**
>
> 　電源の制御で周波数応答や周波数特性を説明しました．直流なのに周波数とは？と思う読者もいるかもしれません．制御でいう周波数特性というのは電源の出力が乱れたときにいかに早くもとの状態に戻せるか，という指標なのです．
> 　周波数特性が 10 Hz だったらその電源は 1/10 秒刻みの速さでしか応答しません．これは 0.1 秒で設定値に戻るという意味ではありません．設定値に戻す制御の動作をその程度の速さで行うということで，実際には数秒近くかかるかもしれません．1 kHz なら 1/1000 秒刻みで応答するということですのでもっと早く回復できると思います．

8.5　制御系の安定性

　制御系は安定に動作する必要がある．では安定に動作するとはどんなことだろうか．エレベータで目標階の床の高さにぴったり止まることは定常偏差がないという特性だけを示している．安定動作とは動いているときにがたがた振動しないで滑らかに動くことである．すなわち安定性とは過渡特性への要求である．ここでは制御系が安定に動作するかどうかを判別する安定判別法と，どのくらい安定かを示す安定度について，ベクトル軌跡とボード線図を用いた方法を述べる．

■ 8.5.1　ベクトル軌跡を用いた安定判別

　いま図 8.25 のようなフィードバック制御系を考える．一巡伝達関数は $G(s)H(s)$ なので，一巡伝達周波数応答は $G(j\omega)H(j\omega)$ と表される．この一巡周波数応答のベクトル軌跡が図 8.26 に示すように $\omega = \omega_0$ のとき，横軸（実軸）を横切り，$(-1, j0)$ を通ったとする．このとき，

$$G(j\omega_0)H(j\omega_0) = -1 + j0 = \cos(-180°) + j\sin(-180°)$$

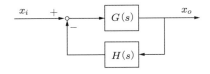

図 8.25　対象とするフィードバック制御系

8.5 制御系の安定性

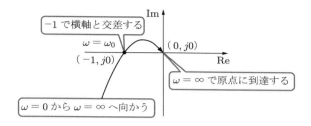

図 8.26 ベクトル軌跡

である．この式の意味するところは，$\omega = \omega_0$ のとき一巡伝達関数 $G(j\omega_0)H(j\omega_0)$ の出力信号は入力信号と同じ振幅であり，位相が $-180°$ ずれたものであることである．すなわち，入力信号 x_i が $x_i = \sin\omega_0 t$ のとき，出力信号 x_0 は

$$x_0 = \sin(\omega_0 t - 180°) = -\sin\omega_0 t$$

となる．一巡周波数応答はフィードバック信号として加算点に入力される．

図 8.27 に示すように加算点ではフィードバック信号は減算する．したがって，$-x_0 = -(-\sin\omega_0 t) = \sin\omega_0 t$ となり x_i と同じ信号が加算点に出現することになる．つまり，以後は入力信号がゼロであっても角周波数 ω_0 の一定振幅の振動が続くことになる．これを発振状態にあるという．このような状態になる $(-1, j0)$ の点を安定限界という．この点をベクトル軌跡が通るかどうかが，安定するかしないかの境目になる．一巡周波数応答のベクトル軌跡 $G(j\omega)H(j\omega)$ が実軸を横切るときに点 $(-1, j0)$ の左側を通ると不安定である．点 $(-1, j0)$ の右を横切れば安定である．これをナイキストの判定法とよぶ．ナイキストの判定法による安定判別の例を図 8.28 に示す．ナイキストの判定法はベクトル軌跡を描けば直感的に安定かどうかが判別できる．

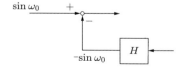

図 8.27 フィードバック信号の加算

第 8 章 電源の制御技術

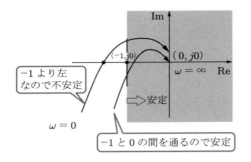

図 8.28 ナイキストの判定法

次に，ボード線図による安定判別について述べる．一巡伝達関数のボード線図を描いたとき，位相曲線の位相が $-180°$ になる角周波数のときのゲインの値により判断する．このときゲインが 0 dB 以下であれば安定である．ボード線図による安定判別の例を図 8.29 に示す．

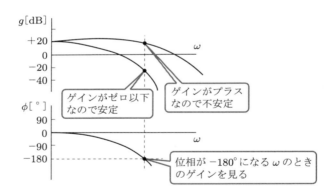

図 8.29 ボード線図による安定判別

ここまでは安定かどうかの判別法について述べてきた．安定判別法では安定かどうかイエスノーの判別ができるが，どの程度安定であるかがわからない．そこで安定度というものを考えることにする．いま，図 8.30 に示すようなベクトル軌跡があったとする．このとき，① と ② とどちらの系が安定であろうか．このとき，② のほうが $(-1, j0)$ から遠いので安定度が高いのである．このよう

8.5 制御系の安定性

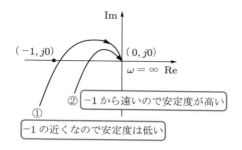

図 8.30 安定度

な安定度の高さを数値的に表す方法として位相余有とゲイン余有を用いる．

図 8.31 に示すように原点を中心に半径 1 の円を描く．この円とベクトル軌跡の交点を Q とし，Q と原点 O と結ぶ．このとき，実軸と OQ のなす角を位相余有 ϕ_m とよぶ．点 Q における角周波数 ω_{cg} をゲイン交差角周波数とよぶ．半径 1 の円との交点なので，点 Q ではゲインが 1 ($= 0\,\mathrm{dB}$) であることを示している．位相余有が大きいほどベクトル軌跡は $(-1, j0)$ から遠くで実軸と交わると考えられるので系は安定であるといえる．

多くの場合は位相余有のみで安定判別できる．しかし，図 8.32 のようなベクトル軌跡の場合は位相余有では判断できない．この場合，位相余有だけ見れば十分安定である．しかし，ベクトル軌跡は $(-1, j0)$ の近くで実軸を横切っている．このような場合，位相余有ではなく，ゲイン余有を見る必要がある．ゲイ

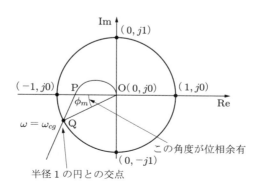

図 8.31 位相余有

第8章　電源の制御技術

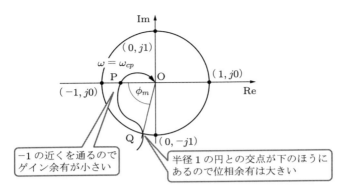

図 8.32　ゲイン余有

ン余有 g_m とは実軸との交点 P の位置を示しており，OP の長さを使って，次のように求める．

$$g_m = 20 \log \frac{1}{\mathrm{OP}} = -20 \log \mathrm{OP}$$

なお，$g_m > 0$ で安定，$g_m < 0$ で不安定である．

ここで，実軸との交点 P は位相が $-180°$ である．点 P における角周波数 ω_{cp} を位相交差角周波数とよぶ．

ボード線図を用いると位相余有，ゲイン余有を求めることができる．位相余有はベクトル軌跡と半径 1 の円の交点でのベクトル軌跡と実軸間の角度であった．すなわち，$|G(j\omega)| = 1$ のときである．つまり，ゲインが $g = 0\,\mathrm{dB}$ になるときの位相を示している．そのときの位相 ϕ を $-180°$ を基準に読むことにより ϕ_m が得られる．またゲイン余有はベクトル軌跡が実軸を横切るときのゲインであった．すなわち位相が $\phi = -180°$ になる位相交差角周波数 ω_{cp} のときのゲインを読み取ればよい．ボード線図上からの位相余有，ゲイン余有の読み取りを図 8.33 に示す．

ボード線図を用いるとゲインがゼロ dB のときの位相が $-180°$ に対してどの程度余裕があるかということが直感的に理解しやすい．なお，一般的には次の値をとれば制御系は安定であるといわれている．

ゲイン余有：$10 \sim 20\,\mathrm{dB}$

位相余有：$40 \sim 60°$

8.5 制御系の安定性

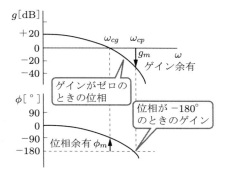

図 8.33 ボード線図からの安定度の読み取り

電源を安定に制御するには以上のような手順を踏んで，制御系の設計をきちんと行う必要があるといえる．

9 PID制御

　電源の出力は極力安定に保ちたい．入出力の状態が変化しても，つねに同じ状態に保つことが要求される．すなわち，電源の制御には時間的な変化が関係してくる．電源が安定しているということは電源の出力が時間的に変動しないということである．そこで電源の制御に時間で微分や積分をするという考えが導入されるのである．フィードバック制御を利用して，微分や積分の操作を行うのがPID制御である．PID制御は電源のみならず，プラント制御などにもよく使われる制御技術である．本章では，PID制御を電源制御に利用するために必要な基本的なことがらを述べる．

9.1　微分と積分

　電源を安定に制御するというのは，出力の時間的な変化が少ないということである．そのため，制御する量を時間で微分したり，積分したりする操作が取り入れられる．ここではまず，制御における微分と積分について述べる．

9.1.1　微分要素

　入力を微分して出力する要素を微分要素という．微分要素を電気回路で考えてみる．図9.1に示すようなインダクタンスを流れる電流と両端の電圧の関係は次のように表すことができる．

$$v(t) = L\frac{di(t)}{dt}$$

この式をラプラス変換すると次のようになる．

$$V(s) = s \cdot L \cdot I(s)$$

この関係を入力を $I(s)$，出力を $V(s)$ としてブロック線図で表すと図9.2のようになる．インダクタンスは比例要素 $G_1(s) = L$ と微分要素 $G_2(s) = s$ という二

9.1 微分と積分

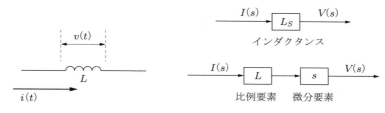

図 9.1 コイルを流れる電流と両端の電圧

図 9.2 インダクタンスのブロック線図による表現

つの要素に分解できる．入力信号は L 倍され，さらに微分されて出力される．微分要素はラプラス変換で表せば，単に s の掛け算要素として表すことができる．

微分要素の周波数応答は，s を $j\omega$ に置き換えて，

$$F(j\omega) = j\omega$$

となる．ゲインは，

$$g = 20\log_{10}|j\omega| = 20\log_{10}\omega \quad [\mathrm{dB}]$$

となり，位相は

$$\phi = \angle F(j\omega) = \tan^{-1}\frac{1}{0} = 90°$$

である．したがって，ボード線図は図 9.3 のようになる．ゲイン曲線の傾きは

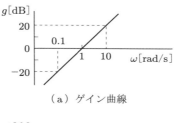

(a) ゲイン曲線

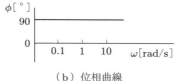

(b) 位相曲線

図 9.3 微分要素のボード線図

第 9 章　PID制御

ω が 10 倍になると 20 dB 増加する．これを 20 dB/decade とよぶ．

微分要素では入力信号の大きさは ω 倍され，位相は ω とは無関係に 90° 進んで出力される．

9.1.2　積分要素

入力を積分して出力する要素を積分要素という．電気回路では，図 9.4 に示すようにコンデンサに流れる電流を入力として，電荷の蓄積により両端に現れる電圧を出力としたのが積分動作である．

$$v(t) = \frac{1}{C} \int i(t)\,dt$$

上式をラプラス変換すると，

$$V(s) = \frac{1}{Cs}$$

となる．これをブロック線図で表すと図 9.5 のようになる．積分要素はラプラス変換で表すと $1/s$ という要素になる．

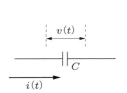

図 9.4　コンデンサの電圧と電流　　図 9.5　コンデンサのブロック図による表現

積分要素の周波数応答は，s を $j\omega$ に置き換えれば，

$$F(j\omega) = \frac{1}{j\omega}$$

となる．ゲインは，

$$g = 20\log_{10}\left|\frac{1}{j\omega}\right| = 20\log\frac{1}{\omega} = -20\log_{10}\omega \quad [\text{dB}]$$

となり，位相は

$$\phi = \angle F\left(\frac{1}{j\omega}\right) = \tan^{-1}\frac{0}{1} = -90°$$

である．これをボード線図で表すと図 9.6 のようになる．ゲイン曲線の傾きは

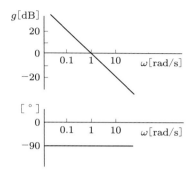

図 9.6 積分要素のボード線図

ω が 10 倍になると 20 dB 減少する．これを $-20\,\mathrm{dB/decade}$ とよぶ．

積分要素では入力信号の大きさは $1/\omega$ 倍になり，位相は ω とは無関係に 90°遅れて出力することがわかる．

9.2 PID 制御

9.2.1 PID 制御とは

PID 制御は温度，流量などのプロセスを制御するのにもっとも広く使われている制御方法で，設定値と測定値の偏差を比例，積分，微分の演算を行い操作するものである．英語では比例制御は Proportional control，積分制御は Integral control，微分制御は Derivative control であり，頭文字をとって PID 制御とよぶ．

PID 制御要素は既存の制御系に直列に接続して使うことができる．このような要素を補償要素といい，このように用いることを直列補償という．PID 制御は補償要素として制御系に組み入れることはもちろん可能であるが，PID 調節器として独立した装置として市販もされている．その原理，解析法などは前章で述べたフィードバック制御の知識で理解することができる．

9.2.2 PID 制御の基本形

PID 制御の基本式は次のように表される．

$$c(t) = K_P \left(e(t) + \frac{1}{T_I} \int e(t)\,dt + T_D \frac{de(t)}{dt} \right) \tag{9.1}$$

第 9 章 PID制御

ここで，$c(t)$ は制御量，K_P は比例ゲイン，$e(t)$ は制御偏差であり $e(t) = r(t) - c(t)$ である．T_I は積分時間，T_D は微分時間である．式 (9.1) をラプラス変換すると次のようになる．

$$C(s) = K_P \left(1 + \frac{1}{T_I \cdot s} + T_D \cdot s\right) E(s) \qquad (9.2)$$

PID 制御を制御系の特性を補償する要素と考えたとき，図 9.7 に点線で示した部分を PID 補償要素とよび，一つの制御要素として扱うこともできる．このときの PID 要素への入力は制御偏差 $E(s)$ でなくともよく，一般的な制御入力 $R(s)$ と考えてもよい．PID 補償要素はブロック線図で表すと図 9.7 のように示される．

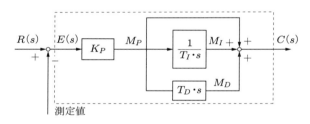

図 9.7　PID 制御の一般形式

■ 9.2.3　PID 制御の各要素の動作

(1) 比例動作

比例動作は，ゲイン K_P に比例した出力をする比例要素を用いる．K_P が大きいほど入力の変化を拡大するので，制御の効果が大きくなる．比例動作を図 9.8 に示す．比例動作の出力を M_P と表すことにする．

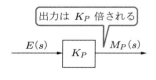

図 9.8　比例動作

9.2 PID 制御

(2) 積分動作

積分動作は，入力信号を積分して出力する積分要素を用いる．積分動作の時間的な動きを図 9.9 に示す．大きさが一定の入力 E に対して出力 $m(t)$ は時間に比例して増加する．積分動作の出力を M_I と表す．

$$M_I = \frac{1}{T_I} \int e(t)\,dt = \frac{E}{T_I} \int dt = \frac{E}{T_I} t \tag{9.3}$$

この式では，$t = T_I$ のとき，出力 M_I は E となる．このように $t = 0$ でステップ状に入力 E を与えたときに積分要素の出力が入力 E と等しくなるまでの時間を積分時間 T_I とよぶ．T_I が小さいほど積分動作の効果が大きい．

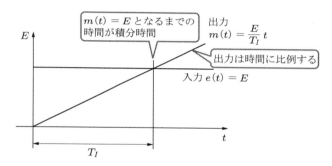

図 9.9 積分動作

(3) 微分動作

微分動作は，入力信号を微分して出力する微分要素を用いる．微分動作の時間的な動きを図 9.10 に示す．入力が一定であれば微分した結果はゼロになる．図のように一定の割合で変化している入力 $e(t)$ に対しては変化に比例した一定出力 E となる．

$$M_D = T_D \frac{de}{dt} = T_D \frac{d(Et)}{dt} = T_D E \tag{9.4}$$

この式では，$t = T_D$ のとき，要素への入力 M_D は E となり出力と等しくなる．このように微分動作の出力が偏差 E に等しくなるまでの時間を微分時間 T_D とよぶ．T_D が大きいほど微分動作の効果が大きい．

第 9 章 PID制御

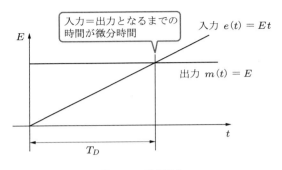

図 9.10 微分動作

9.3 PID 制御の動作

いま制御対象として時間遅れのある系を考える．時間遅れがあるというのは対象とする負荷の系の伝達関数が図 9.11 に示すむだ時間要素 e^{-Ls} を含む系であると考える．この負荷に対して電源を PID 制御することにより応答が改善される様子を示してゆく．以下の例では制御対象とする図 9.11 に示したブロック図に $L=0.2$，$T=5$，$K=2$ を代入し，次の伝達関数をもつものとする．

$$G(s) = \frac{2e^{-0.2s}}{(1+5s)^3}$$

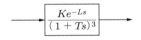

図 9.11 対象とする制御系

9.3.1 P 制御

P 制御は比例動作のみによる制御である．負荷を比例動作のみで制御する場合の制御系は図 9.12 のようになる．いま，入力信号 $R(s)$ にステップ信号を与える．これは，電源の出力をいきなり設定値にするという指令になる．いま，$K_P=1.8$ とすると出力は図 9.13（a）に示すような応答になる．この応答は振動的であり，しかも定常偏差が大きい．つまり，比例制御だけでは過渡的な出力の振動が収まっても定常偏差が残ってしまい，十分時間がたっても設定値に

9.3 PID 制御の動作

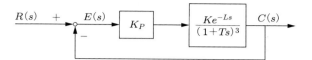

図 9.12　比例動作のみによる制御

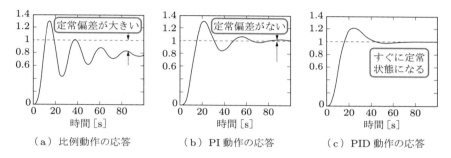

(a) 比例動作の応答　　(b) PI 動作の応答　　(c) PID 動作の応答

図 9.13　P, PI, PID 動作の応答の違い

はならない．定常偏差はオフセットともよばれる．

このときの定常偏差 ($E(\infty)$) は十分時間がたったときの入力信号と出力信号の差を求めればよい[*1]．

$$E(\infty) = 1 - \frac{KK_P}{1+KK_P} = \frac{1}{1+KK_P} \tag{9.5}$$

十分時間がたったときの制御系の内部の変数の関係は図 9.14 のようになっている．比例要素は入力信号に比例した信号を出力するので，比例要素の入力がゼロになってしまうと出力もゼロになってしまう．また，十分時間がたったあと，出力が所定の値にならず定常偏差が残ってしまう．

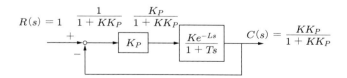

図 9.14　十分時間がたってからの比例制御系

[*1] オフセットはラプラス変換の最終値の定理を用いると解析的に導出できる．

第 9 章 PID制御

9.3.2 PI 制御

PI 制御は比例動作に積分動作を加えた動作である．PI 制御系のブロック線図を図 9.15 に示す．

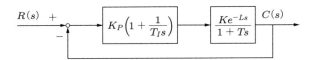

図 9.15 PI 制御系

このとき，ステップ応答は図 9.13 (b) のようになる．ここでは $K_P = 0.8$，$T_I = 12$ としている．図からわかるように積分動作を加えることにより定常偏差がほとんどなくなっている．このように積分動作は定常偏差を 0 にする働きをもつ．ただし，過渡特性は P 制御と同様に振動的である．

では積分するというのはどういうことか考えてみよう．いまステップ信号が入力してから十分時間がたって定常偏差が 0 になった時点を考えよう．このとき入力信号と出力信号は等しい．すなわち，$C(s) = R(s) = 1$ である．図 9.16 にこのときの制御系の諸量を示す．

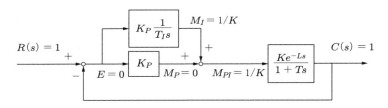

図 9.16 十分時間がたってからの PI 制御系

$C(s) = R(s)$ であるから偏差は $E(s) = 0$ である．したがって，比例要素の出力も $M_P = 0$ である．$C(s) = 1$ であるためには PI 制御系の出力は $M_{PI} = 1/K$ でなくてはならない．このとき，積分要素の入力 E がゼロになっても出力は $M_I = 1/K$ に保たれている．つまり積分制御は定常偏差をゼロにする働きをしているのである．

PI 制御が制御偏差 $E(s)$ がゼロになったときでも出力をある値に保つ働きを

9.3 PID 制御の動作

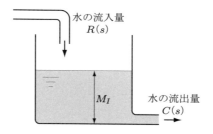

図 9.17　積分の作用

することを図 9.17 で説明する．積分制御は図に示すようにタンクにためた水が外に出てくる流量でたとえることができる．いま積分制御要素をタンクと考えてみよう．流入と流出は同じ太さの管とする．タンクへの水の流入量を $R(s)$，流出量を $C(s)$ と考える．タンクの水の水位を積分要素の出力 M_I と考える．流出量と流入量が等しくないとタンクの水位は増減する．流出量と流入量が等しいときには，タンクの水位はその状態を保って一定になる．つまり積分動作は，制御系の中でこのように一定値に「保つ」という働きをしているのである．

■ 9.3.3　PID 制御

次に PI 制御に D 動作を加えるとどうなるか考えてみよう．PID 制御系のブロック線図を図 9.18 に示す．また，そのステップ応答を図 9.13（c）に示す．

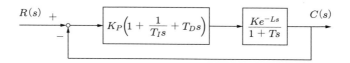

図 9.18　PID 制御

図 9.13（c）の応答は PI 制御と比べると定常状態になる時間が早い．これを応答性が上がったという．応答性の向上は微分要素を追加したことによる．微分するということは信号の変化率を求めていることになる．したがって，図 9.19 に示すように制御出力値 $C(s)$ が設定値 $R(s)$ に近づいてゆくと制御偏差 $E(s)$ が減少してゆく．このとき制御偏差の変化率（すなわち制御偏差の微分 de/dt）も減少する．偏差 $E(s)$ の減少により微分要素の出力 de/dt も減少し，やがては

第 9 章　PID 制御

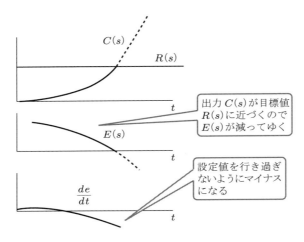

図 9.19　PID 制御の内部動作

マイナスになってゆく．マイナスになるということは，すなわち設定値を行き過ぎてしまわないように抑える働きをしているということになる．

このようにして PID 制御により応答特性が改善され，しかも出力は指令値を保つことができる．負荷などに外乱が入ったとしても PID 制御によりすばやく指令値にもどして，その値を保つことができるのである．

9.4　周波数応答による PID 制御

これまで説明した P 制御, PI 制御, PID 制御について例に用いた制御系のボード線図およびベクトル軌跡を示そう．ここで，制御対象は前節と同じものを用いる．

$$G(s) = \frac{2e^{-0.2s}}{(1+5s)^3}$$

また，ゲイン，時定数などの制御パラメータも前節と同じものを用いる．

　　P 制御　$K_P = 1.8$
　　PI 制御　$K_P = 0.8, \quad T_I = 12$
　　PID 制御　$K_P = 1, \quad T_I = 11, \quad T_D = 5$

図 9.20 に周波数応答のベクトル軌跡を示す．図 (a) に示す比例制御のベクトル軌跡および図 (b) に示す PI 制御のベクトル軌跡は $(-1, j0)$ の近くを通り，位

9.4 周波数応答によるPID制御

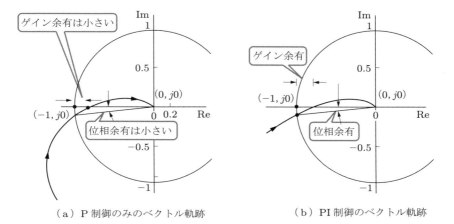

(a) P制御のみのベクトル軌跡

(b) PI制御のベクトル軌跡

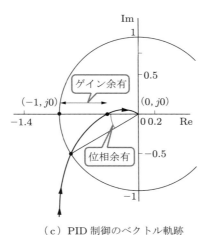

(c) PID制御のベクトル軌跡

図 9.20 P制御，PI制御，PID制御のベクトル軌跡の比較

相余有，ゲイン余有とも小さい．いずれもあまり安定性がよくないことがわかる．一方，図(c)に示すPID制御ではベクトル軌跡は下のほうから伸びてきて，$(-1, j0)$から遠い．

同じ結果を図 9.21 にボード線図で示す．こちらの図でも，図(a)のP制御，図(b)のPI制御では位相余有，ゲイン余有とも非常に小さくあまり安定性がよくないことがわかる．一方，図(c)のPID制御は位相余有，ゲイン余有とも

173

第 9 章 PID制御

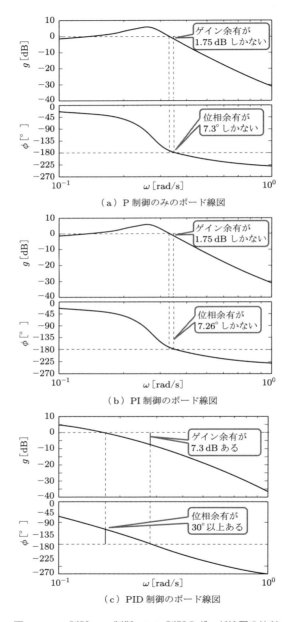

図 9.21 P 制御，PI 制御，PID 制御のボード線図の比較

9.4 周波数応答による PID 制御

大きいことがわかる．

PI 制御は図 9.13 に示した波形では定常偏差が減り定常特性が改善されていたが，ベクトル軌跡やボード線図で見てみると位相余有，ゲイン余有は P 制御とほとんど同じである．つまり，PI 制御では過渡特性は改善されていないのである．これを PID 制御にすると，位相余有，ゲイン余有とも増加するので過渡特性が安定することがわかる．すなわち PID 制御を用いれば過渡特性が改善できることがわかる．しかも，このとき，ゲインは同一のままである[*1]．

図 9.22 には PID 制御したときの各制御要素の出力の変化を示している．ステップ信号の入力に対して比例動作 (P) は偏差に比例した出力を出し，定常状態に近づくに従って減少し，ゼロに近づいてゆく．微分動作 (D) の出力は初期には無限大であるが徐々に低下し，いったんはマイナス出力をして定常状態に近づくための抑止力として働いている．定常状態ではゼロになる．積分動作 (I) は徐々に出力を増加させ，定常状態では一定値にバランスさせるためのオフセットに相当する出力を出していることがわかる．これらの合成により PID 制御の出力は過渡特性，定常特性とも改善されるのである．なお，PID ゲインの決め方などについては参考文献，専門書を参照されたい．

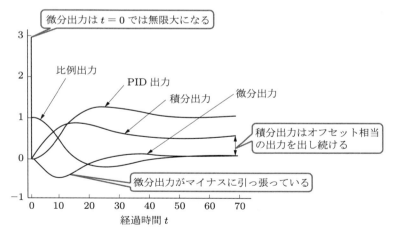

図 9.22 PID 制御の各制御器の出力

[*1] 一般にゲインを下げれば過渡特性は改善する．

10 各種の制御法

　ここまで述べてきたフィードバック制御や PID 制御などの伝達関数を基本にした制御方法は古典制御理論とよばれる．これに対し，現代制御理論とよばれる制御の考え方がある．現代制御理論とは，状態方程式とよばれる微分方程式を基本に制御するものである．この現代制御理論をさまざまに応用し，オブザーバ，フィードフォワード制御，H∞ 制御など，多くの新しい制御手法が開発されている．ここでは現代制御理論の基本について概要を述べる．さらに分散型電源などで必要とされる交流電源の制御法についても簡単に述べる．

10.1　現代制御理論の概要

　現代制御理論は制御対象を状態方程式で記述することが基本である．伝達関数は入出力の関係を表していたが，状態方程式では入力，出力のほかに系の内部の状態も変数として扱う．

　いま，$u(t)$ を系への入力，$y(t)$ を系の出力と考える．このとき，状態方程式は次のように表される．

$$\frac{dx}{dt} = Ax(t) + Bu(t) \tag{10.1}$$

このとき，$x(t)$ は系の内部状態を表し，状態変数とよぶ．

　さらに，出力 $y(t)$ は次のように表されるとする．

$$y(t) = Cx(t) \tag{10.2}$$

この式は状態変数 $x(t)$ が出力 $y(t)$ にどのように現れるかを示しており，出力方程式とよぶ．これをブロック線図で表すと図 10.1 のようになる．

　状態方程式では，各変数は n 次元のベクトルである．状態方程式に取り組む際の最初の関門がこのベクトルの行列演算である．ここでは行列演算を極力使わないようにして状態方程式の考え方を解説してみる．

10.1 現代制御理論の概要

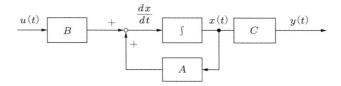

図 10.1 状態方程式のブロック線図

状態方程式には入力および出力が記述されているので入出力の関係を求めれば伝達関数になる．そこで，状態方程式を用いて伝達関数を求めてみよう．

まず状態方程式をラプラス変換する．

$$sX(s) = AX(s) + BU(s) \tag{10.3}$$
$$Y(s) = CX(s) \tag{10.4}$$

これを行列でないと考えて変形すると次のようになる．

$$sX(s) - AX(s) = BU(s)$$

したがって，$X(s)$ は次のように表されると考えられる．

$$X(s) = \frac{BU(s)}{s - A} = (s - A)^{-1} BU(s)$$

しかし，行列なので次のように表す必要がある．

$$X(s) = (sI - A)^{-1} BU(s) \tag{10.5}$$

ここで，I は単位行列を示す．単位行列とは次の式に示すように，対角線成分が 1 でほかはすべて 0 の正方行列である．1 行 1 列なら "1" そのものと考えてよい．

$$I = \begin{bmatrix} 1 & 0 & 0 \\ 0 & 1 & 0 \\ 0 & 0 & 1 \end{bmatrix}$$

式 (10.5) を式 (10.4) に代入すると次のように表される．

$$Y(s) = C(sI - A)^{-1} BU(s)$$

伝達関数 $G(s)$ は入力 $U(s)$ と出力 $Y(s)$ の比なので

$$G(s) = \frac{Y(s)}{U(s)} = C(sI - A)^{-1} B$$

と表すことができる．

第 10 章 各種の制御法

現代制御理論では制御対象を一階の常微分方程式である状態方程式で表現する．状態方程式をもとにさまざまな数学手法を利用して，制御系の安定性，時間応答や周波数応答などを評価して制御系の設計，評価を行う．状態変数に行列を使うので，多入出力の複雑な系の表現が容易となる．

状態方程式を用いてフィードバック制御を取り扱うのはもちろんのこと，観測器（オブザーバ）や最適レギュレータなども扱う．それにより可制御性，可観測性，最適性などが評価される．

10.2 オブザーバ

状態方程式を使ったフィードバック制御は状態フィードバック制御ともよばれる．古典制御でのフィードバック制御は図 8.7 (p. 140 参照) に示したように制御系の出力である制御量 $C(s)$ をフィードバックしている．これは状態方程式では出力 $y(t)$ をフィードバックすることに相当する．

状態方程式をブロック線図で表した図 10.1 を見ると，状態方程式の内部では状態変数 $x(t)$ をフィードバックしていることがわかる．この状態変数 $x(t)$ をさらに入力にフィードバックしたものを状態フィードバックとよぶ．状態フィードバックを図 10.2 に示す．状態フィードバックでは入力は u ではなく，

$$u = -Fx + v$$

となる．したがって，

$$\frac{dx}{dt} = (A - BF)x + Bv$$

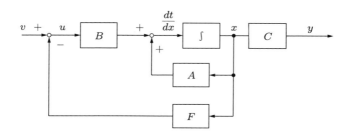

図 10.2 状態フィードバック

となる.これは,もとの A という状態変数の系が $A-BF$ という状態を表す系に置き換わったことになる.

状態フィードバック制御する場合,状態変数をすべて知る必要がある.しかし,すべての状態変数を個別に観測できるだけセンサをつけることは現実的ではない.そこで,制御対象と同一のシステムの数値モデルを作り,制御対象と平行してリアルタイムでシミュレーションし,その中の状態変数で代用することを考える.なお以後 dx/dt は $\dot{x}$ と記述する.対象とする系の状態方程式

$$\dot{x} = Ax + Bu$$
$$y = Cx$$

に対して,状態変数を推定するために

$$\dot{\hat{x}} = A\hat{x} + Bu$$
$$\hat{y} = C\hat{x}$$

というシミュレータを考える.このシミュレータに入力 u と出力 y を入力し,シミュレータ内部で得られた状態変数 $\hat{x}$ を利用する[*1].それを状態フィードバック信号として用いる.このシステムを図 10.3 に示す.このようなシステムで $\dot{x}$ と $\hat{x}$, y と $\hat{y}$ の誤差などを利用すれば状態量を推定できる.これがオブザーバ

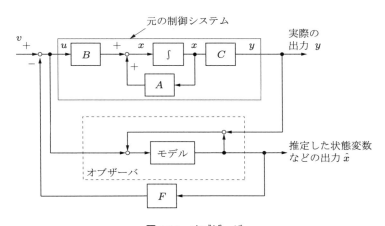

図 10.3 オブザーバ

[*1] $\hat{x}$ はエックスハットと読む.$\hat{x}$ は x の推定値を示している.

第10章 各種の制御法

を使った制御システムの基本原理である.

10.3 そのほかの現代制御

10.3.1 フィードフォワード制御

フィードバック制御では外乱により制御が乱されたとき，出力にその影響が出て，変動があった場合にはじめて修正する動作を行う．これに対し，フィードフォワード制御は外乱を検知する手段をもち，外乱が検知されたときに，外乱による影響が現れる前に，修正動作を行う制御方式である．

フィードフォワード制御のブロック線図を図 10.4 に示す．フィードフォワード制御では外乱の影響がどういうメカニズムで制御を乱すかを解析し，修正量を決定する必要がある．フィードフォワード制御は，信号の流れが，「外乱の検知」→「操作量の決定」という一方向の制御方式である．そのため，フィードフォワード制御だけでは目標値を保つことができないので，通常はフィードバック制御と併用する．

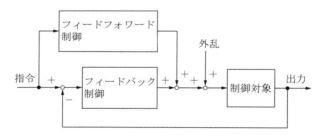

図 10.4　フィードフォワード制御

10.3.2 ロバスト制御

これまで述べた制御は制御対象のモデルが正確である，という前提で考えられている．ロバスト制御とよばれる制御の考え方はモデルの不確かさを許容する制御の考え方である．

ロバスト制御ではまず，制御モデルの不確かさを数式で表す．制御に用いた伝達関数 $G_0(s)$ に対し，実際の伝達関数 $G(s)$ は

$$G(s) = G_0(s)(1 - \Delta(s))$$

と表されるとする．このとき，不確かさ $\Delta(s)$ そのものはわからなくても，$\Delta(s)$ があっても安定に動作する制御動作を求めようとするものである．ここでの不確かさとは，モデルのパラメータ（内部の諸数値）が不明であったり，パラメータが変動したり，ノイズや外乱などがあったりすることを指している．ロバスト制御の代表的なものには H∞ 制御がある．詳細については専門書を参照されたい．

COLUMN ▶▶ フィードバック制御とフィードフォワード制御

　フィードバック制御とは制御した結果を見て（フィードバックして），次の動作を決める制御です．何か制御を乱す要因があったときに，乱された結果を見て対応するという制御です．バランスが崩れたらバランスを取り戻す，という制御です．一方，フィードフォワード制御というのは，その時点で明らかになっている制御を乱す要因（これを外乱といいます）があれば，その情報を制御に利用して外乱による変動をあらかじめ抑えてしまおうという制御です．現在の状況から将来を予測する制御です．

　フィードバック制御は，秩序のない予測がつかない社会で役に立ちそうですが，フィードフォワード制御は，規律のしっかりした社会でうまく行きそうです．フィードバック制御はイギリスで発展してきました．一方，フィードフォワード制御はドイツを中心に発展しました．だから何が言いたいというわけではありませんが…．

10.4　交流電源の制御

　交流電源の場合，出力の交流電力を正弦波で出力する．そのために交流電源特有の制御が行われる．ここではその代表的なものについて述べる．

10.4.1　PWM 制御

　交流電力の制御法として代表的なものにパルス幅を調節する PWM (pulse width modulation) 制御がある．PWM 制御では出力するパルス波形は振幅が一定で，パルス幅が制御される．PWM 制御によりパルスのデューティファクタが制御できるので出力電圧または電流の平均が制御できる．また PWM 制御により出力波形を正弦波に近似することもできる．

　PWM 制御の代表的なものに三角波 – 正弦波方式がある．これはインバータ回

第 10 章 各種の制御法

路を用いて，直流電力を PWM 制御により交流電力に変換するときによく用いられる．三角波 – 正弦波 PWM 制御により出力電圧または電流を正弦波に近似できる．

三角波 – 正弦波方式は三角波をキャリア信号（搬送波）とし，正弦波を変調信号として，両方の信号の大小に応じてパルスを出力する方式である．三角波 – 正弦波方式の原理を図 10.5 に示す．出力したい正弦波の電圧波形を

$$e_s = E_s \sin \omega_s t$$

とする．このとき e_s が変調波信号となる．変調波信号は角周波数 ω_s で振幅 E_s の正弦波である．一方，三角波 e_c はキャリア信号であり，変調波信号より高い周波数である．PWM 信号はこの二つの信号の交点 θ_1, θ_2 でオンまたはオフすることにより合成される．たとえば，$e_s > s_c$ のときオン，$e_s < e_c$ のときオフである．

ここで図 10.6 に示すように，変調波信号とキャリア信号の振幅比 $M = E_s/E_c$ を導入する．この M を変調率 (modulation factor) とよぶ．出力電圧の基本波電圧成分は M に比例する．モーター駆動の場合，基本波成分がモータートルク

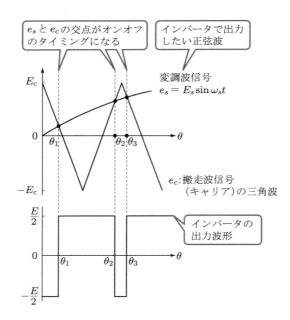

図 10.5　PWM 制御の原理

10.4 交流電源の制御

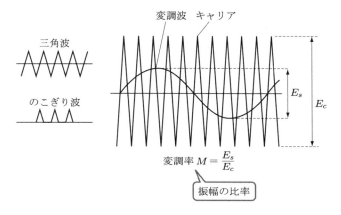

図 10.6 PWM 制御の変調率

と大きく関係するので M はもっとも大切な制御変数である．

変調波信号はまた正弦波指令，基本波指令などとよばれる場合もある．キャリア信号が三角波以外の，のこぎり波などの波形も含んで，キャリア変調方式とよぶ．

キャリア変調方式ではキャリア信号と正弦波指令が同期する場合としない場合がある．同期式 PWM 制御では三角波キャリア信号の周期と正弦波指令信号の周期が整数倍になっている．図 10.7 には変調波の 12 倍のキャリア周波数の例

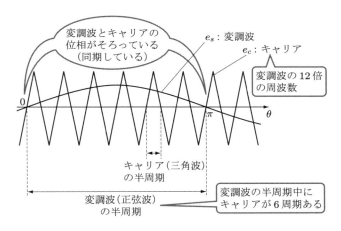

図 10.7 同期式 PWM 制御

第10章 各種の制御法

を示している．同期制御では交流の出力周波数を変化させる際にはキャリア周波数もそれに応じて変化させる．PWM波形の1周期内のパルス数は一定である．つまり，周波数を制御するとき，パルス数は一定で，それぞれのパルス幅が可変する制御である．出力周波数が変化しても出力波形は一種の相似波形である．

三相出力の場合，同期制御のキャリア周波数を指令周波数の$3n$倍に選定すればキャリア周波数成分の高調波は出力されない．三相交流の対称性によりキャンセルされるのである．また出力する高調波は奇数次の高調波成分のみである．このことは出力波形が同一波形の正負の繰り返しであるという対称性により生じる．

同期制御では出力周波数に応じてパルス数を切り換えることも行われる．たとえば低周波出力時にはパルス数を少なくすればスイッチング回数が減るのでスイッチング損失を低下させることができる．また，キャリア周波数がほぼ一定になるようにキャリア周波数を変更することも行われる．

一方，非同期制御は正弦波の周波数にかかわらずキャリア周波数をつねに一定にする制御方式である．キャリア信号は正弦波信号の位相とは同期しない．そのため，図10.8に示すオンオフの位置θ_1, θ_2は変調波の次の周期では異なってしまう．つまり，出力するPWM波形は常に同一ではない．このことから出力高調波には奇数次のほかに偶数次成分も含まれてしまう．ただし，キャリア

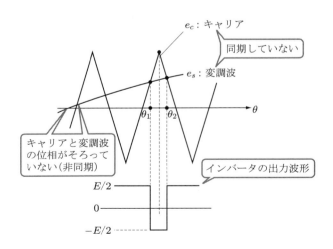

図 10.8　非同期式 PWM

10.4 交流電源の制御

周波数が十分高い場合にはこのことは無視してもよい．

10.4.2 位相制御

交流電力を手軽に制御するには，サイリスタの位相制御により交流電力調整を行う．位相制御の原理を図 10.9 に示す．位相制御とは正弦波交流の位相角において，0°からある位相角までの間，導通させないように制御する方法である．導通する期間の長さに応じて 75%，50% というように電力調整ができる．位相制御回路の原理を図 10.10 に示す．サイリスタはゲートに信号を入れたときに導通するダイオードの一種である．したがって，導通していても電源が逆極性

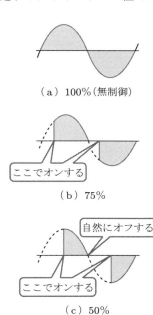

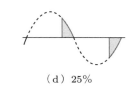

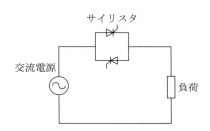

図 10.9 位相制御の原理　　図 10.10 サイリスタによる位相制御回路

第 10 章 各種の制御法

になると自然にオフする，という性質をもっている．二つのサイリスタを逆並列に接続すると交流電流を制御することができる．

　位相制御方式は電源周波数の半サイクルごとにオンする位相角を制御し，サイリスタの導通角を制御することにより出力電圧を調整する．この方法ではサイリスタのオンにより電圧が急激に立ち上がるため，高調波が発生する．高調波は電源側および負荷側に影響を及ぼすことから高調波を除去するためのフィルタが必要となる．

　位相制御回路を応用したサイクル制御方式を図 10.11 に示す．サイクル制御方式は一定周期中の電源 1 サイクルのオン期間とオフ期間の比率を制御することにより負荷電圧を制御する．そのため高調波の発生が少ない．

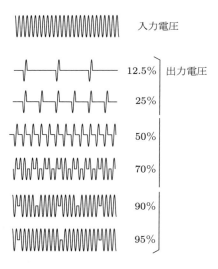

図 10.11　サイクル制御

■ 10.4.3　電圧型インバータによる電流制御

　電圧源である電圧型インバータを電流源のように制御することができる．そのとき用いるのが電流制御ループである．電圧型インバータによる電流制御のブロック線図を図 10.12 に示す．制御指令 i^* は正弦波の電流指令である．インバータを出力し負荷に流れる電流 i を検出して電流の指令値と実際の電流を比

10.4 交流電源の制御

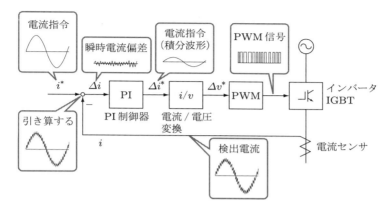

図 10.12 電流制御ループ

較し，瞬時の電流偏差 Δi を求める[*1]．電流の偏差は PI 制御器により積分され，電流制御の指令 Δi^* となる．電流制御指令 Δi^* を電圧指令 Δv^* に換算し，それに応じてインバータの出力電圧を調節する．電流を大きくするには電圧を上げればよい．このような制御を行うと見かけ上，電流を制御していることになる．

このような制御ループを電流ループとよぶ．一般に電流ループは非常に高速に制御されるので，通常の低速な制御ループの内側に配置される．そこで電流のマイナーループとよぶ場合もある．電流ループの役割は出力すべき基準波形（多くの場合は正弦波）に近似するように高速に制御することにある．インバータの PWM 制御の場合，電流制御ループは一つひとつの PWM パルスの幅を調節する．すなわちスイッチング周波数で電流が制御される．したがってパワー半導体デバイスの動作速度が十分速くないと電流制御の精度を高くできない．

電流制御を行うと PWM パルスを出力するたびに電流を増減させることができる．では，電流制御はスイッチングごとの電流の変化に対し瞬時に応答すればいいのかというとそうではない．そこで，ここに PI 制御が用いられる．インバータの直流入力回路は大容量のコンデンサにより平滑されている．このときコンデンサは直流電圧源となる．インバータのスイッチングにより瞬時にスイッチが閉じられるとコンデンサの電圧は瞬時に出力される．しかし，電流は

[*1] ここでは，Δi は瞬時の電流偏差，Δi^* は瞬時値を積分した電流指令である．

第 10 章　各種の制御法

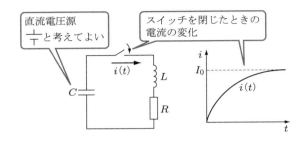

図 10.13　負荷の RL 回路を流れる電流

図 10.13 に示すような負荷のインダクタンスにより RL 回路の過渡現象で立ち上がる．電流は次のような変化をする．

$$i(t) = I_0 \exp\left(-\frac{L}{R}t\right)$$

ここで，R, L は負荷のインピーダンス，I_0 は最終値（定常状態の電流）である．

このように PWM 制御により電圧は瞬時に立ち上がるのに対して，電流は遅れて立ち上がる．そのため検出した電流 i の瞬時の値を使ってその時点で指令電流 i^* との偏差 Δi を即刻計算したところで，正しい値は得られない．瞬時の偏差 Δi を補正するように電流を制御しても電流がなかなか変化せず，望みの値にならない．そのため，どんどん電圧の補正を強めていってしまうことになる．

そこで，電流誤差を積分して電流指令 Δi^* とするのである．ここでの積分とは一定時間間隔における指令値と実際の値の誤差の累積である．回路の過渡現象を考慮して，ある時間間隔（積分時間）に累積した電流誤差に応じて出力電圧を調節する．積分時間は当然，スイッチング周期より長くする必要がある．電流の応答はインバータの負荷であるモーターのインダクタンスの影響を受ける．積分時間は負荷の応答性を考慮して，電流波形をいかに正弦波に近づけるか，という観点で決定される．

積分制御は積分時間があるので出力に遅れを生じる．したがって電流制御は比例制御を主体にしなくてはならない．比例制御のゲインを大きくするだけで電流偏差は小さくできる．しかし比例ゲインを大きくすると制御系が不安定になってゆく．そのために積分制御を用いて安定化するのである．

11 電源の解析法

　現在の科学技術では実際に実験せずに機器の性能，動作を解析やシミュレーションで細かく予測することが行われている．しかし，電源の分野では事前に簡単に解析して動作をすべて予測するのは難しい．実験で確認しなければわからないことがたくさんある．解析が簡単にできない最大の理由は変圧器，リアクトルなどの磁気部品が非線形動作をすることである．それに加え，半導体デバイスの高速スイッチングがある．スイッチングということ自体がすなわち非線形動作である．しかも半導体デバイスは単純にオンオフ動作するのではなく動作遅れがある．本章ではこれらの要因を考慮して，電源回路の解析にあたっての基本の考え方を説明する．

11.1　理想スイッチと理想インダクタンス

　ここでは電源の主要部品である半導体デバイスとインダクタンスについて，理想と現実の違いを説明する．

11.1.1　理想スイッチと実際のスイッチング

　まず，理想のスイッチとはどんなものかを考える．理想スイッチとは次の項目を満たすスイッチである．

(1) オンしたときには抵抗がゼロである．したがってスイッチに電流が流れても電圧降下がない．
(2) オフしたときには抵抗が無限大であり，オフ期間中の漏れ電流は0である．
(3) オンからオフ，オフからオンは瞬時に切り換わる．
(4) オンオフを繰り返しても磨耗，劣化などの変化がない．

　ここに示したすべての条件を満たしたスイッチがあれば理想的なスイッチン

第 11 章　電源の解析法

グが可能になる．

しかし現実にはこのようなスイッチは存在しない．機械スイッチは接点をオンオフするので (1) (2) の性質をほぼ満たしているが，機械的な動作時間が必要で (3) を満たせず，また (4) の寿命は有限である．すべてのスイッチ機能をもつものは，いずれか，あるいはすべての項目で理想スイッチへの要求を満たせない．現在のところ半導体スイッチがもっとも理想スイッチに近いものと考えられている．

理想スイッチと実際の半導体スイッチの動作の比較を図 11.1 に示す．この比較から半導体スイッチの特性は理想スイッチと比べ，次のような点があることを考慮しなくてはならない．

(1)　オン電圧 (v_{on}) が小さい．

(2)　漏れ電流 (i_{off}) が小さい．

(3)　t_{on}, t_{off} が小さい．

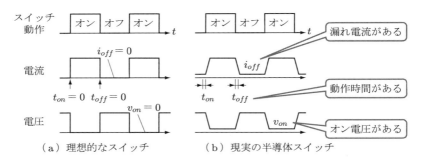

図 11.1　理想スイッチと現実の半導体スイッチ

電源の動作を解析するには半導体デバイスのスイッチングをどのように取り扱うかをまず考える必要がある．半導体デバイスの動作をモデル化するには，次のようなさまざまな考え方がある．

・理想スイッチ（オン抵抗はゼロであり，オフ時は回路を切り離す）
・理想スイッチ＋オン時の微小抵抗＋オフ時の大きい抵抗
・スイッチを抵抗値が変化する非線形抵抗素子とする

11.1 理想スイッチと理想インダクタンス

- 等価回路（デバイスの動作を表したデバイス内部の等価回路）
- 半導体モデル（半導体内部のキャリアの移動を表す）
- 抵抗＋インダクタンス

このようにスイッチのモデルを選んだとして，一つの解析で電源の動作すべてを解析することはできない．そこで解析目的に応じて電源回路のモデルを次のように大きく分けて考える．

(1) 理想スイッチモデル

電源の動作をオンとオフの二つの状態のみ考える．スイッチの動作遅れ，過渡現象は無視する．11.2節で説明するようにスイッチのオンオフごとに回路が切り換わり，それぞれの回路を解析してゆく．

このモデルは，オンオフデューティの細かい評価やスイッチングにより生じる電圧電流などのリプルなどの解析に利用できる．インダクタンス，コンデンサの選定には有効な方法である．また負荷を含めた立ち上がり特性などの解析も可能である．ただし，スイッチングの回数だけ回路を切り換えて計算する必要がある．

(2) デバイスモデル

半導体デバイスの内部を等価回路で表したり，電子輸送モデルで表したりしてデバイスの動作をできるだけ正確に表したモデルを用いる．デバイスの内部モデルはデバイスメーカーが公表しているので一般的な回路シミュレータではモデルが内部に準備されていることが多い．

デバイスモデルは，オンやオフのスイッチングにともなうサージの解析などができるので駆動回路，スナバなどの設計に利用する．ただし，このモデルで何回もスイッチングを繰り返すのは計算時間の点で現実的ではない．

(3) 平均値モデル

スイッチング動作を無視するためにデューティファクタを使って平均する手法である．回路のインダクタンス，コンデンサが十分大きく，電圧，電流にリプルがないと仮定する．このとき電源回路をデューティファクタで平均した電流源および電圧源として表す方法である．この方法は電源そのものではなく，電源に接続された電力系統や負荷などのシステム全体の動作を解析するのに適し

第 11 章 電源の解析法

ている.

さらに制御理論の手法を利用してベクトル解析を用いる状態平均法という手法もある (11.3 節で後述する). オン,オフのそれぞれの回路を状態方程式で表す. それぞれの状態がデューティファクタに応じて出現するとして,二つの状態方程式をデューティファクタを使って平均化し,一つの方程式にまとめる方法である. この方法は理論的にはとっつきにくいが,電源の解析ではよく用いられる方法である. 状態を平均化していても定常特性だけでなく,動的な特性も解析できるという特徴がある.

■ 11.1.2 インダクタンスの取り扱い

変圧器の説明の際に理想変圧器を用いた (第 4 章). 理想変圧器では透磁率は無限大と仮定している. つまり,電流を流さなくても電圧をかければ鉄心内に磁束が生じるということになってしまう. インダクタンス L は

$$\Psi = L \cdot I$$

と定義されるので,この仮定を使うとインダクタンスは無限大になってしまう. 当然のことながら現実には透磁率は有限の値である.

しかも,現実の磁気部品は図 4.3 (p. 61 参照) に示したように鉄心の B-H 特性に従って動作する. 磁化力 H が大きくなれば磁気飽和する. さらに飽和しない領域でも,磁束密度 B と磁化力 H は一定の傾きの直線関係ではない. B は H に一定の比例係数 μ で比例しないのである. このことはインダクタンスがつねに一定でないということを示している. これが磁気部品は非線形であるといわれる理由である.

したがって,実験などでは磁気飽和がなく,透磁率が一定の空心コイルがよく使われる[*1]. 空心コイルとは非磁性体の巻き心(ボビン)にコイルを巻いたものである. 空心コイルを使えば磁気飽和はなく,インダクタンスもつねに一定である. しかし,実際の電源では空心コイルを使うということは鉄心を大きくすることになる. そのため磁気飽和ぎりぎりで鉄心の大きさが選定される. しかし,磁気飽和しなくても磁束密度が高くなってゆけばインダクタンスは徐々

---

*1 鉄道車両では万一の磁気飽和を防ぐため空心コイルがよく使われる.

11.1 理想スイッチと理想インダクタンス

に低下する．

さらに，実際の変圧器では B-H 特性に従って動作している．B-H 特性により電流波形が歪む例を説明する．図 11.2 は変圧器に正弦波電圧をかけたときの電流波形を示している．変圧器に正弦波電圧を印加すると，磁束 ϕ は電圧の積分で生じる．

$$\phi = \int V \, dt$$

したがって，電圧が正弦波であれば磁束も正弦波である．積分なので位相も 90°遅れる．図 11.2 に示すような $\phi_a \to \phi_b \to \phi_c$ の正弦波状磁束を生じさせるためには i-ϕ カーブ上で a – b – c の位置をその時刻に通過する必要がある．つまり電流は $i_a \to i_b \to i_c$ のように変化する．この電流の大きさの変化を時間的に描くと右図に示すような電流波形になってしまう．すなわち正弦波交流の変圧器では B-H 特性の影響で電流は正弦波でなくなるのである．

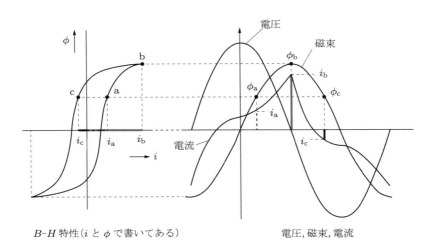

図 11.2 変圧器の電流波形の歪み

したがって，実際の変圧器やインダクタンスをモデル化するにはいろいろ考慮する必要がある．一般的に次のようなことが考えられている．

・線形モデルとする．インダクタンスは一定でしかも飽和しない．

第 11 章　電源の解析法

- 線形動作するが，ある電流値で飽和する（可飽和リアクトルのようにスイッチングさせる）．
- 可変インダクタンスとする．
- 鉄心の実際の B-H 特性を用いて磁束と電流の関係を求める．

インダクタンスを正確にモデル化するのはかなり複雑なことになる．しかし，なるべく単純化するべきである．ここで注意しなくてはいけないのは，インダクタンスを流れる電流波形はフーリエ解析できないことである．フーリエ解析は線形システムを前提とした解析であり，そもそも非線形な磁気部品の動作解析には適用できないのである．

11.2　回路モデル

スイッチングによる回路の切り換えの例を示す．図 11.3 は第 2 章で示した降圧チョッパ回路である．いま，スイッチはオン時にはオン電圧に相当する抵抗 r と考える．図 11.4 に示すようにオン時とオフ時の二つの動作は別の回路とする．

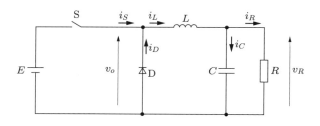

図 11.3　降圧チョッパ回路

オン時の回路では，出力電圧 v_R とインダクタンス電流 i_L を次のように表すことができる．

$$E = r i_L + L \frac{di_L}{dt} + v_R \tag{11.1}$$

$$i_L = i_C + i_R = C \frac{dv_R}{dt} + \frac{v_R}{R} \tag{11.2}$$

一方，オフ時には次のようになる．

11.2 回路モデル

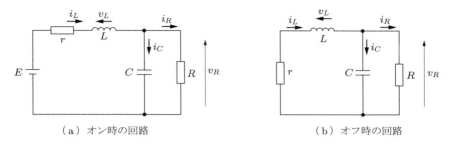

(a) オン時の回路　　　　　　　　(b) オフ時の回路

図 11.4　降圧チョッパの二つの動作モード

$$r \cdot i_L = -L\frac{di_L}{dt} + v_R \tag{11.3}$$

$$i_L = C\frac{dv_R}{dt} + \frac{v_R}{R} \tag{11.4}$$

この2組の式をスイッチングのオンオフの切り換え時に従って式も切り換える．

いまオン抵抗 r が小さいと無視すると，オン時は

$$i_{L_{on}} = I_0 e^{-\frac{t}{CR}} + \frac{E}{R}\left(1 - e^{-\frac{t}{CR}}\right)$$

となり，オフ時は

$$i_{L_{off}} = I_0 e^{-\frac{t}{CR}}$$

と表される．それぞれの回路の最終値を次の回路の初期値として式を切り換える．それらの式をオンオフ各期間中の適当な時間間隔に刻んで，時々刻々と解いてゆけば動作の解析ができる．ただし，オンオフそれぞれの期間中は十分細かい時間刻みで計算する必要がある．

1回のスイッチングでの動作を問題にするような場合，デバイスモデルを使う．デバイスモデルは半導体デバイスの等価回路であり，デバイスメーカーが公表している．デバイスモデルを回路に組み込むことによりスイッチングの波形を詳細に解析することができ，サージ解析なども可能である．図11.5にはバイポーラトランジスタのデバイスモデルを等価回路に表した例を示す．この回路内部の定数がデバイスメーカーから公表されている．

半導体デバイスの物理的特性を組み込んだものをデバイスシミュレータというが，これは外部回路の解析に使うのではなく，デバイス内部の動きを解析するのに使われる．

第 11 章　電源の解析法

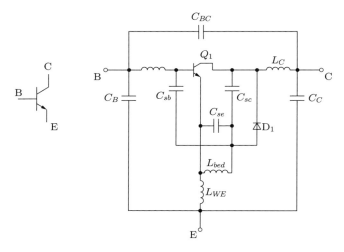

図 11.5　バイポーラトランジスタのデバイスモデルの例

11.3　状態平均法

ここではチョッパなどの電源の解析でよく使われる状態平均法を説明する．この方法を説明するためには行列演算を使わないと説明できないことをあらかじめ述べておく．まず回路を 10.1 節で述べた状態方程式で表す．状態方程式は次のように表される．

$$\frac{dx}{dt} = Ax(t) + Bu(t) \tag{11.5}$$

ここで，$u(t)$ は入力，$x(t)$ は制御系の内部状態である．

図 11.4（a）に示すオン時の回路を状態方程式で表すため，式 (11.1) を次のように書き直す．

$$\frac{di_L}{dt} = -\frac{r}{L}i_L - \frac{v_R}{L} + \frac{E}{L} \tag{11.6}$$

式 (11.2) を次のように書き直す．

$$\frac{dv_R}{dt} = \frac{i_L}{C} - \frac{v_R}{CR}$$

これらの式を行列形式で書くと次のようになる．

11.3 状態平均法

$$\frac{d}{dt}\begin{bmatrix} i_L \\ v_R \end{bmatrix} = \begin{bmatrix} -\frac{r}{L} & -\frac{1}{L} \\ \frac{1}{C} & -\frac{1}{CR} \end{bmatrix} \begin{bmatrix} i_L \\ v_R \end{bmatrix} + \begin{bmatrix} \frac{1}{L} \\ 0 \end{bmatrix} E$$

オフ時の式 (11.3),(11.4) も同様に表すと次のようになる.

$$\frac{di_L}{dt} = -\frac{r}{L}i_L - \frac{v_R}{L}$$

$$\frac{dv_R}{dt} = \frac{i_L}{C} - \frac{v_R}{CR}$$

こちらも行列形式で表すと,次のようになる.

$$\frac{d}{dt}\begin{bmatrix} i_L \\ v_R \end{bmatrix} = \begin{bmatrix} -\frac{r}{L} & -\frac{1}{L} \\ \frac{1}{C} & -\frac{1}{CR} \end{bmatrix} \begin{bmatrix} i_L \\ v_R \end{bmatrix} + \begin{bmatrix} 0 \\ 0 \end{bmatrix} E$$

いま,状態変数 $x = \begin{bmatrix} i_L \\ v_R \end{bmatrix}$,入力 $u = E$ とする.このときオン時とオフ時の二つの行列式は次のように表すことができる.

$$\dot{x} = A_1 x + B_1 u$$
$$\dot{x} = A_2 x + B_2 u$$

ただし,$A = \begin{bmatrix} -\frac{r}{L} & -\frac{1}{L} \\ \frac{1}{C} & -\frac{1}{CR} \end{bmatrix}$, $B_1 = \begin{bmatrix} \frac{1}{L} \\ 0 \end{bmatrix}$, $B_2 = \begin{bmatrix} 0 \\ 0 \end{bmatrix}$ である.

オンオフすることにより,この二つの状態がデューティファクタ d と $(1-d)$ の割合で出現することを図 11.6 に示す.二つの状態の平均を $\bar{x}$ とする.$\bar{x}$ は状

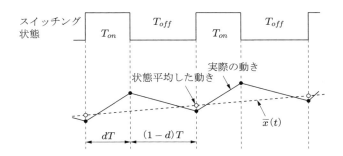

図 11.6 状態平均化法

第 11 章 電源の解析法

態変数 i_L, v_R を 1 周期平均したものであり,状態平均量とよばれる.$\bar{x}$ を使って状態平均方程式を次のように表すことができる.

$$\dot{\bar{x}} = A\bar{x} + BE$$

ただし,

$$\bar{x} = \left[\begin{array}{c} \overline{i_L} \\ \overline{v_R} \end{array} \right]$$

$$A = dA_1 + (1-d)A_2 = \left[\begin{array}{cc} -\dfrac{r}{L} & -\dfrac{1}{L} \\ \dfrac{1}{C} & -\dfrac{1}{CR} \end{array} \right]$$

$$B = dB_1 + (1-d)B_2 = \left[\begin{array}{c} \dfrac{d}{L} \\ 0 \end{array} \right]$$

であり,いずれもベクトル量である.状態平均方程式を行列形式で書き直すと次のようになる.

$$\frac{d}{dt}\left[\begin{array}{c} \overline{i_L} \\ \overline{v_R} \end{array} \right] = \left[\begin{array}{cc} -\dfrac{r}{L} & -\dfrac{1}{L} \\ \dfrac{1}{C} & -\dfrac{1}{CR} \end{array} \right] \left[\begin{array}{c} \overline{i_L} \\ \overline{v_R} \end{array} \right] + \left[\begin{array}{c} \dfrac{d}{L} \\ 0 \end{array} \right] E$$

この平均化された状態方程式を解けば過渡的な電流,電圧を求めることができる.その解法は本書の範囲を超えるので,専門書を参照いただきたい.

ここでは単純な定常状態だけ説明する.定常状態では,状態平均量 $\bar{x}$ は一定値となる.したがって状態平均量に時間的な変化はなく,その微分はゼロとなる.つまり $\dot{\bar{x}} = 0$ である.このとき行列演算の公式を使うと,次のように状態平均量を求めることができる.

$$\bar{x} = \left[\begin{array}{c} \overline{i_L} \\ \overline{v_R} \end{array} \right] = A^{-1}BE = \frac{E}{1+r/R}\left[\begin{array}{c} \dfrac{d}{R} \\ d \end{array} \right]$$

ここでは単純な電流連続の動作モードを例にしたが,電流が不連続になった場合,3 番目のモードが出現する.三つの状態を平均化するのでより複雑になってゆく.状態平均法はスイッチング周期が十分短いという仮定の下での電源のマクロな動きの解析に向いている.

11.4 シミュレーション

電源の解析をシミュレーションによって行う場合，ごく特殊な場合を除いて汎用シミュレータが使用可能である．電源やパワーエレクトロニクスの解析によく用いられる汎用シミュレータについて目的ごとに紹介する．

(1) 内部回路動作の解析

電源のスイッチング動作やそれにより生じるサージなどを解析したい場合，デバイスモデルが必要である．デバイスモデルを用いることのできる代表的なシミュレータに SPICE がある．

SPICE (Simulation Program with Integrated Circuit Emphasis) とは，その名のとおり IC 設計用のソフトウェアとして開発された．早くから市販されたため使い慣れている人が多いということもあり，広く普及している．デバイスモデルのほかに，理想スイッチにオン抵抗，オフ抵抗を与えることも可能である．スイッチング回数が多い場合，収束性に問題があり，計算が膨大になる．なお，数多くのデバイスの SPICE モデルが公開されており，また，多くの SPICE 系シミュレータも市販されている．最近では完全版がフリーソフトとして公開されている．

(2) 電源としての動作解析

電源回路の動作そのものを解析したい場合，理想スイッチを使って回路を切り換えて高速に計算できるシミュレータが必要である．代表的なものに PSIM がある．

PSIM はパワーエレクトロニクス回路のシミュレーションを目的に開発されたシミュレータである．PSIM では，スイッチは理想スイッチに限定して計算速度を速めている．そのため高速のオンオフや PWM 制御などの解析が容易である．制御系はブロック線図で扱うことができる．スイッチの損失は可変抵抗として扱っている．

(3) 定常状態の解析

一般のシミュレーションは最初の電源オンから順次スイッチングさせて，やがて定常状態に至るような計算を行う．そのため，定常状態に至るまでの計算回数が膨大になる．定常状態のみの解析が可能でしかも，スイッチング電源に

第11章 電源の解析法

特化したシミュレータとして SIMPLIS がある.

SIMPLIS は SPICE の収束性を上げるために開発されたシミュレータであり，スイッチング電源回路用に特化したものである．電源の解析専用のシミュレータである.

(4) 制御特性の解析

制御特性を解析する場合，制御系の設計ツールが利用できる．よく使われる MATLAB/Simlink は回路の解析ソフトではない．基本的にブロック図により表現される系の動作を解析する．制御系のソフトとして一般的なので他のシミュレータとリンクさせて使うことも多い．市販品ではパワーデバイスモデルなども含まれているものもある.

(5) 交流電源の解析

交流電源の電力系統での動作を問題にする場合，EMTP (Electro Magnetic Transient Program) を用いる．EMTP はもともと電力系統の解析用に開発されたプログラムである．系統解析用のため発電機，電動機のモデルやサージの取り扱いも組み込まれている．電力系統，回転機などを含めた解析に適している．伝達関数も扱えるので制御系も取り扱い可能である．理想スイッチは取り扱えるので，スイッチング動作も表すことはできるが限界がある.

EMTP はライセンスフリーの ATP をはじめ，市販のシミュレータが数多く存在している.

(6) その他

そのほか，よく見かける市販シミュレータについて述べる.

Saber はシステムレベルのシミュレータである．Saber は動作を記述したモデル構築用言語 (MAST：Modeling Analog System Template) を用いている．そのため，電気系のみならず，機械系，ディジタル系，アナログ系，OP アンプなどの各種の動作を記述できる．したがって電気機械系の連成解析が可能である.

Simplorer はパワー素子が等価回路モデル，非線形抵抗モデル，SPICE モデルなど種々の選択が可能である．またデジアナ混在回路の解析も可能である.

(7) リアルタイムシミュレータ

リアルタイムシミュレータとは実際の回路のシミュレーションを実際の動作時間で行う技術である．制御部分をシミュレータで行い，実際の主回路や負荷

11.4 シミュレーション

を動作させると制御について解析評価ができる．このようなシミュレーションを HILS (Hardware In the Loop Simulation) という．HILS は簡単には実験できないような装置を対象とする場合に使われる．

以上のように種々のシミュレータがあるが，一つのシミュレーション条件では電源のすべての動作を明らかにすることができない．対象とする現象にふさわしいシミュレータとシミュレーション条件の選択が必要である．

おわりに

　本書では電源の技術について工学的に述べてみた．これまで自分で電源を設計したり解析したりするときにはさまざまな実務書を参考にさせていただいた．しかし，それらの書籍は実務には大変参考にはなるものの，工学的な理論，技術の基本というものがなかなかまとまって書かれていないという思いがあった．今回，本書は実務のための基本ということをねらってまとめたものである．執筆してみて，電源にかかわる技術は電気回路のみならず，制御技術，電磁気学を含む広い技術と理論が含まれていることを改めて実感した．

　ほとんどすべての電気電子機器は電源回路をもっている．この欠かすことのできない回路について本書により皆様の知識が少しでも体系化され，理解が深まったのであれば幸いである．なお，本書の企画は森北出版（株）の塚田真弓氏が中心になって行われたものです．筆者にこの本の執筆の機会を与えていただいたことに感謝の意を表します．

2015 年 2 月　　　　　　　　　　　　　　　　　　　　　　　著　者

さらに勉強する人のために

　電源回路に関する実務書は数多く出版されているので，各自お探しいただきたい．ここには，本書と同じように工学的な考え方を中心に説明している書籍を示す．

- 森本雅之：入門インバータ工学，森北出版 (2011)
- 戸川治朗：スイッチング電源のコイル/トランス設計，CQ 出版 (2012)
- 伊藤健一：ノイズと電源のはなし，日刊工業新聞 (1996) 版元切れ．

■ スイッチング電源の理論
- 原田耕介，二宮保，顧文建：スイッチングコンバータの基礎，コロナ社 (1992)

■ パワーエレクトロニクスの入門書
- 堀孝正：パワーエレクトロニクス（新インターユニバーシティ），オーム社 (2008)

　なお，**制御**に関しての専門書は数多く出版されているのでこちらは各自お探しいただきたい．

索　引

欧数字

3 端子レギュレータ	33
ACCT	108
CT	108
DCCT	109
EMI	120
EMS	120
EMTP	200
ESR	48
ET 積	105
HILS	201
IPM	99
MTBF	119
PFC	131
PT	110
PWM 制御	28
SMC	82
SOA	116
SPICE	199
$\tan\delta$	49
THD	128

あ行

アモルファス合金	80
アレスタ	110
アレニウスの法則	51
安全動作領域	116
安定判別	156
位相曲線	149
位相制御	185
位相余有	159
1 次遅れ要素	146, 150
一巡伝達関数	140
一巡伝達周波数応答	156
インターリーブ	23
インバータ	5, 24, 129, 181
うず電流損失	78, 79
エナメル線	82
エミッタ	31, 41
オフセット	169
オン抵抗	43

か行

回生抵抗	55
外乱	4, 140
ガス入り放電管 (GDT)	111
過渡現象	14
還流	15
帰還ダイオード	27
基本波力率	128
逆起電力	14, 21, 22, 59
逆降伏電圧	39
逆バイアス	42, 99
ギャップ	60
キャリア	43, 182
空冷	56, 118
ゲイン曲線	149
ゲイン余有	159
ゲート	43
コア	8, 80
降圧チョッパ	14

索 引

高周波インピーダンス	28
コッククロフト‐ウォルトン回路	36
コモンモード	111
コレクタ	31, 41
コレクタエミッタ間電圧	31
コレクタ電流	31
コンデンサ	7, 9

さ行

サイリスタ	54
サージ	9, 53, 110
サージアブソーバ	110
サージ防護デバイス	110
残留磁束密度	103
磁化曲線	60
磁気エネルギー	58, 60
磁束リセット	76
シャント抵抗	55, 107
シャントレギュレータ	34
受動素子	38
順方向	52
順方向電圧降下	39, 93
昇圧チョッパ	16
少数キャリア	40, 43
状態変数	176
状態方程式	176
初期故障	118, 119
シリーズレギュレータ	33
シールド	125
スイッチングトランス	8, 19, 73
スイッチングレギュレータ	19
水冷	118
ステップ信号	142
スナバ抵抗	55
制御偏差	4, 140
制御量	3, 140
静電容量	46
整流回路	29, 52, 86
全波整流回路	87
相互インダクタンス	70

総合歪み率	128
総合力率	128
ソース	43

た行

耐熱クラス	82, 117
ダストコア	81
ダーリントン接続	45
短絡耐量	97, 114
蓄積時間	42
チョーク	8
チョッパ	6
ツェナーダイオード	32, 113
定常偏差	142, 168
ディファレンシャルモード	122
ディレーティング	56
鉄心	8, 60, 77
鉄損	63, 78
デバイスモデル	191
デューティファクタ	6
電圧型インバータ	9
電圧源	9
電解コンデンサ	47
電源インピーダンス	52, 129
電源系統	1
電磁鋼板	79
電磁両立性	120
伝達関数	138
伝導性ノイズ	121
電流型インバータ	11
電流源	9
電流制御ループ	186
同期制御	184
同期整流	93
透磁率	62
突入電流	52, 53
トランジスタの電流増幅率	22
トランス	8
ドレイン	43
トロイダルコア	85

索 引

ドロッパ電源	32

な行

ナイキスト線図	146
ナイキストの判定法	157
軟磁性材	77
ネオントランス	35
ノイズ	97, 110, 121

は行

倍電圧整流回路	36, 93
バイポーラトランジスタ	31
バスタブカーブ	118
バリスタ	112
パワーエレクトロニクス	4, 5
搬送波	182
半波整流回路	86
ヒステリシス損失	78
歪み率	127
皮相電力	91, 127
避雷器	110
平角線	82
ファストリカバリーダイオード	40
フィードバック制御	3, 138
フィードバックダイオード	27
フィードバック伝達関数	140
フィードフォワード制御	180
フィルムコンデンサ	47
フェライト	80
フォトカプラ	98
フォワードコンバータ	19
フライバックコンバータ	21
フーリエ級数	127
ブリーダ抵抗	54
ブロック線図	133, 137
ベクトル軌跡	146
ベース	22, 31, 41
変圧器	8, 65
変調波	182
変調率	182
変流比	67
放射性ノイズ	121, 123
補償要素	165

ま行

前向き伝達関数	140
巻数比	8, 66
むだ時間要素	148
漏れインダクタンス	69

や行

油冷	118

ら行

ラインフィルタ	126
ラプラス変換	138
リアクトル	8, 58
理想変圧器	65
リプル	10
リンギング	124
リンギングチョークコンバータ	22
冷媒	117
ロバスト制御	180
ローパスフィルタ	29

著者略歴

森本　雅之（もりもと・まさゆき）
　1975 年　慶應義塾大学工学部電気工学科卒業
　1977 年　慶應義塾大学大学院修士課程修了
　1977 年〜2005 年　三菱重工業（株）勤務
　1990 年　工学博士（慶應義塾大学）
　1994 年〜2004 年　名古屋工業大学非常勤講師
　2005 年　東海大学教授
　　　　　現在に至る

編集担当　塚田真弓（森北出版）
編集責任　石田昇司（森北出版）
組　　版　プレイン
印　　刷　エーヴィスシステムズ
製　　本　ブックアート

入門 電源工学　　　　　　　　　　　　　　© 森本雅之　2015

2015 年 3 月 30 日　第 1 版第 1 刷発行　【本書の無断転載を禁ず】

著　　者　森本雅之
発 行 者　森北博巳
発 行 所　森北出版株式会社
　　　　　東京都千代田区富士見 1-4-11（〒102-0071）
　　　　　電話 03-3265-8341 ／ FAX 03-3264-8709
　　　　　http://www.morikita.co.jp/
　　　　　日本書籍出版協会・自然科学書協会　会員
　　　　　JCOPY ＜(社)出版者著作権管理機構 委託出版物＞

落丁・乱丁本はお取り替えいたします．

Printed in Japan ／ ISBN978-4-627-77501-5

図書案内　森北出版

入門インバータ工学
しくみから理解するインバータの技術

森本雅之／著

A5 判・216 頁
定価(本体 3400 円＋税)
ISBN978-4-627-74321-2

環境に配慮した製品づくりが求められる現在，製品設計者にはインバータ技術の理解が欠かせない．
本書は，インバータに携わるエンジニアに向けてそのしくみや設計の考え方をわかりやすく解説した．基礎的な理論とともに，ハードウエア・ソフトウエアといった実用上で必要な技術についても述べられている．

目次

インバータによる制御／インバータの原理／インバータ回路／インバータの主回路素子／インバータのアナログ電子回路技術／インバータの保護と信頼性／PWM 制御／インバータの回路理論／インバータの制御技術／インバータの利用技術

ホームページからもご注文できます
http://www.morikita.co.jp/